装配式被动房节能设计策略

——以夏热冬冷地区为例

霍海娥　马梦怡　著

扫码输入刮刮卡密码

查看数字资源

北　京

冶 金 工 业 出 版 社

2025

内 容 提 要

本书系统介绍了夏热冬冷地区装配式被动房节能设计相关问题。全书共分为6章，分别为绪论、装配式被动房的发展及研究现状、气候特征分析及模型建立、装配式被动房的动态热工性能影响机理研究、夏热冬冷地区装配式被动房围护结构的节能潜力、夏热冬冷地区装配式被动房的节能技术优化研究。基于有关节能潜力，进一步探索了装配式被动房主被动节能技术的优化策略。

本书可供土木建筑工程设计人员、科研工作者及相关专业师生阅读和参考。

图书在版编目（CIP）数据

装配式被动房节能设计策略：以夏热冬冷地区为例 / 霍海娥，马梦怡著. -- 北京：冶金工业出版社，2025. 6. -- ISBN 978-7-5240-0200-0

Ⅰ. TU201. 5

中国国家版本馆 CIP 数据核字第 2025Y70W63 号

装配式被动房节能设计策略——以夏热冬冷地区为例

出版发行 冶金工业出版社　**电　话** (010)64027926
地　址 北京市东城区嵩祝院北巷 39 号　**邮　编** 100009
网　址 www. mip1953. com　**电子信箱** service@ mip1953. com

责任编辑 杜婷婷 王 颖　美术编辑 彭子赫　版式设计 郑小利
责任校对 梅雨晴　责任印制 范天娇
北京建宏印刷有限公司印刷
2025 年 6 月第 1 版，2025 年 6 月第 1 次印刷
710mm×1000mm 1/16；11. 25 印张；215 千字；167 页
定价 99. 00 元

投稿电话 (010)64027932　投稿信箱 tougao@cnmip. com. cn
营销中心电话 (010)64044283
冶金工业出版社天猫旗舰店 yjgycbs. tmall. com
(本书如有印装质量问题，本社营销中心负责退换)

前　　言

随着全球对能源危机和环境问题的关注度不断提升，传统高能耗建筑模式难以为继。建筑能耗在社会总能耗中占比较大，相关数据显示，我国建筑能耗约占全社会总能耗的三分之一，因此降低建筑能耗成为节能减排的关键抓手。装配式被动房以其超低能耗的特性，成为满足建筑节能需求的重要发展方向。同时，建筑工业化是建筑行业发展的必然趋势，装配式建筑作为建筑工业化的重要形式，具备生产效率高、施工周期短、质量易控等优势。被动房理念与装配式建筑技术相结合，既能实现高效建造，又能达到节能标准，顺应了建筑工业化发展潮流。目前，我国政府已发布了一系列政策文件，对装配式建筑和绿色建筑给予资金支持、容积率奖励等优惠措施，引导建筑行业向绿色、节能、环保方向转型，这些政策为装配式被动房的推广应用创造了良好的政策环境。

装配式被动房节能效果显著，通过高效的保温隔热系统，如采用高性能的外墙保温材料，其保温性能比传统建筑提高数倍，有效减少了通过墙体的热量传递。搭配密封性良好的门窗系统，能够极大降低空气渗透带来的热量损失。同时，高效的热回收新风系统可以在引入新鲜空气的同时，回收排风中的大部分热量，使得冬季室内热量散失大幅减少，夏季室外热量进入室内也受到有效抑制，从而显著降低建筑的供暖和制冷能耗，一般可节能90%左右。舒适的室内环境也是装配式被动房一大特点，由于良好的保温隔热性能，室内温度波动较小，不会出现传统建筑中室内温度随室外温度大幅变化的情况，居住者始终能感受到舒适的温度环境。优质的新风系统持续为室内提供新鲜、清洁的空气，保证室内空气的品质，在一定程度上解决了室内因通风不畅导致的潮湿、发霉等问题，减少了病菌滋生，为居住者的健康提供了保障。装配式被动房在建造过程中，通过采用隔声性能良好的材料和构造，能够有效阻隔外界噪声传入室内，营造安静的居住环境。

作者及其课题组围绕夏热冬冷地区装配式被动房展开研究，旨在探索其节能设计策略，降低建筑能耗，提升室内环境质量。首先，阐述了全球及我国能源现状，指出了建筑节能的紧迫性，介绍了装配式建筑、被动式建筑及装配式被动房的概念，为深入研究奠定理论基础，并且梳理了国内外装配式被动房在设计、应用等方面的发展情况，总结了其研究成果与不足，明确了本书研究方向。其次，剖析了夏热冬冷地区气候特点，利用 Climate Consultant 软件分析了被动式节能策略；选用了 EnergyPlus 软件建立建筑能耗模型，设定参数并验证其准确性。再者，通过模拟，分析了建筑朝向、围护结构保温材料、新风热回收系统、遮阳及控制方式、窗墙比等因素对装配式被动房动态热性能的影响。最后，探讨装配式被动房围护结构的节能潜力，研究不同外墙、屋面构造及外窗参数的节能效果；以 20 世纪 80 年代建筑为基准，对被动房节能技术进行优化，通过正交试验得出围护结构组合方案的最优解。本书研究结果表明，建筑朝向影响采光、通风和能耗，地区建筑的理论朝向为南偏西 0°～22.5°，实际可根据地形调整，不同房间朝向布局应考虑通风需求，以优化室内环境；保温材料对建筑保温隔热性能影响显著，综合考虑应选择导热系数小的材料，外墙外保温和倒置屋面保温构造节能效果较好，不同构造和材料的选择需结合实际情况；全热回收新风系统节能效果优于显热回收，合理设置新风一体机挡位可显著节能；遮阳措施能降低夏季室内温度，水平遮阳结合内遮阳效果良好，不同遮阳方式应根据实际需求选择；窗墙比影响室内温度和能耗，夏季室内温度随窗墙比增大而升高，应根据建筑朝向确定合理窗墙比，以平衡通风、隔热和保温需求；通过正交试验和多方案比较，确定了夏热冬冷地区装配式被动房节能技术的最优组合方案，以及主被动房节能技术的优化策略，可有效降低能耗，提高室内舒适度。本书研究成果为夏热冬冷地区装配式被动房的设计和应用提供了科学依据和技术支持，有助于推动该地区建筑节能工作的开展，促进当地装配式被动房的发展，对实现建筑行业的可持续发展具有积极的促进意义，这也是本书编撰的初心和出发点。

本书由西华大学霍海娥、马梦怡撰写，团队成员徐嘉茂、邓晓雪、王梓丁、王发兵做了大量的资料收集和数据整理工作。在本书撰写过程中，参考了有关文献资料，在此向文献资料的作者表示衷心感谢。

由于作者水平所限，书中不妥之处，敬请广大读者批评指正。

作　者

2025 年 1 月

目　录

1　绪论 …… 1

1.1　研究背景 …… 1

1.1.1　能源现状研究 …… 1

1.1.2　我国建筑节能发展现状分析 …… 2

1.1.3　相关政策研究 …… 5

1.2　相关概念界定 …… 7

1.2.1　装配式建筑 …… 7

1.2.2　被动式建筑 …… 7

1.2.3　装配式被动房 …… 7

1.3　建筑传热机理 …… 9

2　装配式被动房的发展及研究现状 …… 11

2.1　国外装配式被动房的发展现状 …… 11

2.1.1　装配式建筑的设计与发展研究 …… 11

2.1.2　被动式建筑的设计与发展研究 …… 12

2.1.3　装配式被动房的相关研究 …… 14

2.2　国内装配式被动房的发展现状 …… 15

2.2.1　装配式建筑的设计与发展研究 …… 15

2.2.2　被动式建筑的设计与发展研究 …… 16

2.2.3　装配式被动房的相关研究 …… 18

2.3　文献评述 …… 20

3　气候特征分析及模型建立 …… 21

3.1　气候特征分析 …… 21

3.1.1　我国气候分区 …… 21

3.1.2　夏热冬冷地区气候特征 …… 22

3.1.3　成都市气候特征分析 …… 22

3.2　能耗模拟软件 …… 29

3.2.1 能耗模拟软件简介 ………… 29
3.2.2 能耗模拟软件比选 ………… 29
3.2.3 EnergyPlus 软件功能介绍 ………… 30
3.3 模型建立 ………… 33
3.3.1 模型选择依据及建模原则 ………… 33
3.3.2 物理模型的建立 ………… 36
3.3.3 数学模型的建立 ………… 37
3.3.4 参数设置 ………… 40
3.3.5 模型验证 ………… 42

4 装配式被动房的动态热工性能影响机理研究 ………… 44

4.1 仿真模型参数设置 ………… 44
4.2 建筑朝向对装配式被动房动态热工性能的影响 ………… 48
4.2.1 建筑朝向的决定因素 ………… 48
4.2.2 建筑朝向对采光及采光能耗的影响 ………… 48
4.2.3 建筑朝向对通风效果的影响 ………… 58
4.3 围护结构保温材料对装配式被动房动态热工性能的影响 ………… 66
4.3.1 保温材料的选取 ………… 66
4.3.2 保温材料对建筑保温隔热的影响 ………… 70
4.4 新风热回收模型分析 ………… 79
4.4.1 新风热回收系统简介 ………… 79
4.4.2 新风热回收系统节能效果分析 ………… 80
4.4.3 全热交换器简介 ………… 83
4.4.4 条件设置 ………… 84
4.4.5 全热新风一体机参数及控制方式对能耗和室内舒适度的影响 ………… 87
4.5 遮阳及控制方式对装配式被动房动态热工性能的影响 ………… 93
4.5.1 水平遮阳板尺寸的确定及对室内热工性能的影响 ………… 95
4.5.2 垂直遮阳的必要性及对室内的影响 ………… 100
4.5.3 内遮阳 ………… 101
4.6 窗墙比对装配式被动房动态热工性能的影响 ………… 103

5 夏热冬冷地区装配式被动房围护结构的节能潜力 ………… 105

5.1 装配式被动房保温通用技术 ………… 105
5.2 装配式被动房外墙的节能潜力分析 ………… 107
5.2.1 装配式被动房外墙的构造 ………… 107

5.2.2　不同外墙构造的节能潜力 …… 110
5.3　装配式被动房的屋面节能潜力分析 …… 116
5.3.1　装配式被动房的屋面构造 …… 116
5.3.2　不同屋面构造的节能潜力 …… 118
5.4　外窗节能潜力及敏感性分析 …… 120
5.4.1　外窗相关参数设计 …… 120
5.4.2　太阳得热系数的节能潜力及敏感性分析 …… 120
5.4.3　外窗传热系数的节能潜力及敏感性分析 …… 122

6　夏热冬冷地区装配式被动房的节能技术优化研究 …… 124

6.1　基准建筑 …… 124
6.2　被动节能技术优化研究 …… 125
6.2.1　约束目标 …… 125
6.2.2　外墙及屋面传热系数 …… 126
6.2.3　基于费荷比的装配式被动房的外墙保温材料优化 …… 127
6.2.4　基于费荷比的装配式被动房的屋面保温材料优化 …… 129
6.2.5　外窗材料优化 …… 130
6.2.6　外窗节能效果分析 …… 135
6.2.7　基于正交试验的围护结构组合方案优化设计 …… 138
6.3　主被动节能技术优化研究 …… 144
6.3.1　被动房设计策略 …… 144
6.3.2　被动房主被动技术组合节能效果分析 …… 151

参考文献 …… 163

1 绪　论

1.1 研究背景

1.1.1 能源现状研究

能源是人类社会经济发展的基本推动力，也是人类现代文明的重要支柱。随着全球人口、经济和城市化进程的不断发展，人类对能源的需求不断增长，当前世界能源使用结构仍以石油、天然气和煤炭等一次能源为主。美国能源署发布的《世界能源展望2018》预计，一次能源需求仍会不断上涨[1]，如图1-1所示。

《BP世界能源统计年鉴（2021年版)》报告及BP公司的其他能源统计资料统计显示：从2001—2019年，世界一次能源消费总量从398.34 EJ增加至581.51 EJ[2]。2021年全球一次能源需求增长5.8%，超过2019年水平1.3%[3]。人类现代化进程的发展依赖于对自然资源的过度索取，人类文明的发展直接导致自然环境的破坏，全球气候变暖已被公认为是全球最大的危机之一，面对越来越恶劣的生存环境与世界范围内的能源短缺问题，降低一次能源使用、实现可持续发展成为新时代人类必须面对的选择。

我国是人口大国，同时也是能源消费大国。改革开放以来，我国经济迅速发展，能源消费总量成为世界第一，资源总量却日益减少，大量能源依靠进口；我国一次能源消费结构存在原煤占比较高、可再生能源占比较低的问题，一次能源供给相对不足，能源消费结构不尽合理，发展不协调[4-5]。近年来，我国社会整体能耗快速增加。统计数据显示，我国的一次能源消费总量由2000年的14.7亿吨标准煤增加到2019年的48.6亿吨标准煤，平均年增长率为6.6%[6]。其中，建筑能耗在社会整体能耗中的占比不容忽视。随着人们对美好生活的追求，城镇居民建筑能耗增长迅速。2018年，我国建筑运行的总商品能耗为10亿吨标准煤，约占全国能源消费总量的22%[7]。预计到2050年，世界人口的增长（41%）、家庭能源需求的增加（115%）和人均建筑面积的增加（50%）都会使能源消耗进一步增加[8]。自“双碳”目标被提上日程，多数行业能源消费增速较以往有所放缓，但建筑能耗随社会经济发展和人类需求仍然呈现增加趋势[9]。建筑行业消耗了大量能源，造成了严重的气候问题和环境污染问题。面对建筑行业能耗过高、环境破坏与自然资源严重不足的严峻现实，我国必须要做出改变来应对社会高速发展随之而来的能源危机。

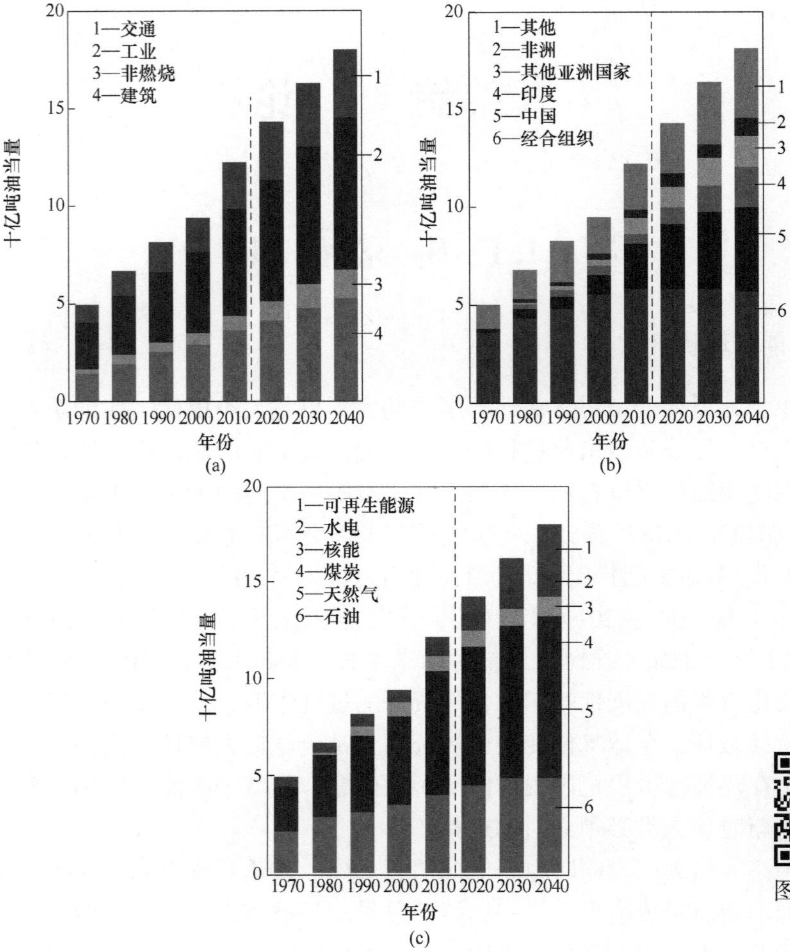

图 1-1 彩图

图 1-1 一次能源需求

（a）终端行业；（b）地区；（c）能源种类

世界各国为应对环境恶化、实现可持续发展，在建筑节能方面进行了大量探索，并且取得了不错的成果，其中装配式建筑节能技术和德国被动式建筑节能技术作为建筑节能领域的翘楚，被各国广泛应用[10-14]。前者在建造过程表现出对资源的最低消耗，后者在建筑使用阶段表现出对能源的最低消耗。在人们越来越重视能源消耗的今天，为了更有效地降低建筑能耗，必须发挥装配式建筑和被动式建筑的各自优势，将二者结合起来，以实现建筑的绿色节能目标。

1.1.2 我国建筑节能发展现状分析

建筑节能在我国不同气候分区的发展确实呈现出一定的先后顺序，这主要是由各地的气候特点和经济发展状况决定的。

1.1.2.1 我国的节能政策

20 世纪 80 年代，我国开始提倡建筑节能，1986 年颁布《民用建筑节能设计标准（采暖居住建筑部分)》，首次公布建筑节能率为 30%；1995 年将《民用建筑节能设计标准（采暖居住建筑部分)》标准进行修订，于 1996 年 7 月 1 日实施，节能率目标提升至 50%，此后 2001 年、2003 年、2005 年分别出台了《夏热冬冷地区居住建筑节能设计标准》(JGJ 134—2001)、《夏热冬暖地区居住建筑节能设计标准》(JGJ 75—2003）和《公共建筑节能设计标准》(GB 50189—2005)；2010 年住建部对 1995 年标准修订，发布《严寒和寒冷地区居住建筑节能设计标准》(JGJ 26—2010)，节能率目标提升至 65%，此后在 2010 年、2012 年和 2015 年对《夏热冬冷地区居住建筑节能设计标准》(JGJ 134—2010)、《夏热冬暖地区居住建筑节能设计标准》(JGJ 75—2012）和《公共建筑节能设计标准》(GB 50189—2015）进行修订，分别规定夏热冬冷地区和夏热冬暖地区居住建筑平均节能率目标为 50%，公共建筑节能率提升为 65%；2021 年由中国住房和城乡建设部发布的《建筑节能与可再生能源利用通用规范》(GB 55015—2021）提出了新的要求，将严寒和寒冷地区居住建筑平均节能率提升为 75%。除严寒和寒冷地区外，其他气候区居住建筑平均节能率提升为 65%，公共建筑平均节能率提升为 72%，如图 1-2 所示。

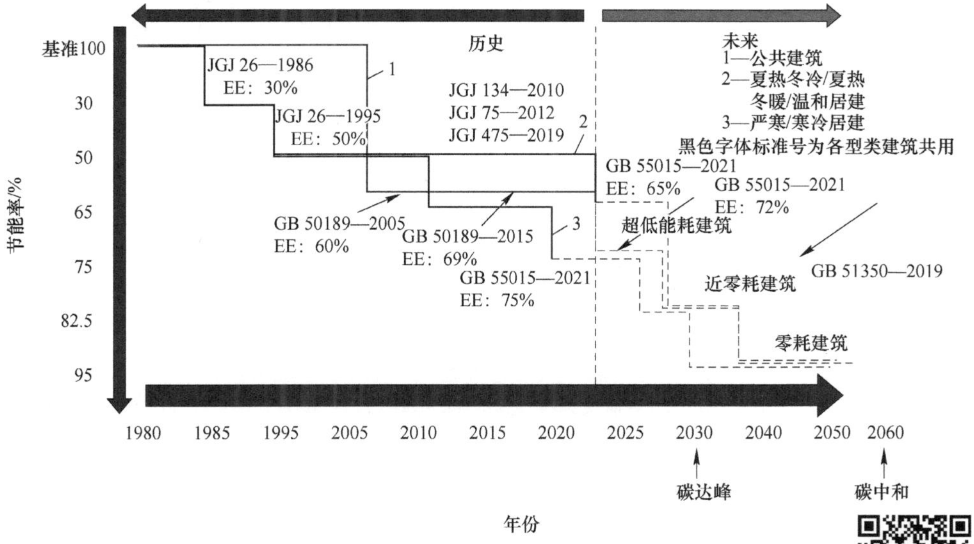

图 1-2 我国建筑节能率历史发展变化及未来预测

图 1-2 彩图

1.1.2.2　不同气候分区的节能设计现状

我国最先开展建筑节能工作的是严寒地区和寒冷地区，这些地区由于冬季漫长、气温极低，建筑能耗问题显得尤为突出。在节能设计方面，这些地区更注重保温与采光的平衡，常见的节能措施包括使用高效保温材料、增加保温层厚度、优化门窗设计等。此外，还广泛采用被动式太阳能采暖技术，如太阳能集热器、阳光房等。在积累了丰富的经验和形成了成熟的技术方案后，我国逐步将建筑节能工作扩展至其他气候分区。夏热冬冷地区建筑节能设计需要兼顾夏季隔热和冬季保温，常见的节能措施包括使用隔热性能好的建筑材料、设置遮阳设施、优化通风设计等。夏热冬暖地区夏季炎热且漫长，冬季温暖，节能设计的主要目标是提高建筑的隔热性能和通风效果，常见的节能措施包括使用轻质隔热材料、设置通风间层、采用自然通风等。温和地区气候条件相对较为温和，建筑节能设计更注重舒适性和可持续性。在实践中，我国各气候分区的建筑节能发展策略紧密结合当地气候特点和经济条件，这既符合我国的实际情况，也体现了建筑节能技术的不断进步和应用范围的扩大，不同气候分区建筑节能设计侧重点见表 1-1。

表 1-1　不同气候分区建筑节能设计侧重点

气候分区	改善措施	建筑节能设计侧重点
严寒地区	保温	提高建筑围护结构的保温性能
寒冷地区	保温	提高建筑围护结构的保温性能
夏热冬冷地区	保温、隔热	提高建筑围护结构的保温性能，降低夏季空调能耗
夏热冬暖地区	隔热、通风	降低夏季空调能耗，提高自然通风效果
温和地区	通风、遮阳	提高自然通风效果，降低夏季空调能耗

1.1.2.3　夏热冬冷分区的节能现状

建筑节能设计最为复杂的是夏热冬冷地区，作为中国气候特征明显的一个区域，由于冬夏持续时间长且温度高，居民在一年中大部分时间都需要依赖能源设备来维持室内温度的舒适范围，这导致了相对较高的能源消耗。具体来说，制冷和制热设备是夏热冬冷地区住宅能源消耗的主要来源。在夏季，空调和电风扇等制冷设备几乎成为每个家庭的必备品，冬季则依赖于电暖气、燃气暖气等制热设备。这些设备的持续运行不仅增加了电力和燃气的消耗量，也加重了家庭的能源负担。尽管许多家庭已经开始意识到节能的重要性，但受到传统生活习惯、技术水平和经济条件的限制，实际节能措施的实施并不普遍。很多建筑在设计时并没有充分考虑到节能的需求，导致建筑本身的保温、隔热性能较差，进一步加剧了能源消耗的问题。

由于建筑设计和节能需求之间的脱节，导致能源消耗问题日益严重，因此，急需从建筑设计入手，提升建筑的保温、隔热性能，减少能源消耗。夏热冬冷地区的特殊气候为装配式被动房提供了广阔的发展空间，这种建筑形式不仅适应气候，还能提高建筑效率，实现节能减排，为可持续发展注入新的活力。

1.1.3 相关政策研究

早在20世纪80年代已经注意到建筑能耗过高的问题，相关部门就如何在发展中降低建筑能耗进行研究，制定并实施了第一个建筑节能标准[15]。近年来，我国为加快推动经济社会发展全面绿色转型，相继提出一系列绿色发展战略。随着2020年“碳达峰、碳中和”目标的提出，建筑节能被推上了新高度。2021年以来，住房和城乡建设部陆续发布了《建筑节能与可再生能源利用通用规范》(GB 55015—2021)、《“十四五”建筑节能与绿色建筑发展规划》《关于加强县城绿色低碳建设的意见》《城乡建设领域碳达峰实施方案》等一系列文件都对建筑节能提出了更高要求。建筑节能是建筑行业的必经之路，对于降低社会整体能耗和改善环境气候问题至关重要。

1.1.3.1 装配式建筑相关政策研究

近年来，国家为推广装配式建筑的发展，相关部门持续出台了多部相关政策。2016年，为贯彻落实大力发展装配式建筑，国务院发布了《国务院办公厅关于大力发展装配式建筑的指导意见》，随后陆续发布了《装配式混凝土建筑技术标准》(GB/T 51231—2016)、《装配式钢结构住宅建筑技术标准》(JGJ/T 469—2019)、《装配式混凝土建筑技术体系发展指南（居住建筑）》等十几部政策文件指导装配式建筑的发展。为加快装配式建筑标准化建设，四川省印发了《推动全省装配式建筑标准化建设工作方案》《提升装配式建筑发展质量五年行动方案》《2022年全省推进装配式建筑发展工作要点》等文件并提出要求，到2025年全省新开工装配式建筑占新建建筑40%，装配式建筑单体建筑装配率不低于50%。

1.1.3.2 被动式建筑相关政策研究

被动式建筑相较传统建筑而言优势明显，这种优势主要体现在能兼顾人们对节能效果与舒适度的需求。我国重视被动式建筑的发展，相继发布了《被动式太阳能建筑技术规范》(JGJ/T 267—2012)、《被动式超低能耗绿色建筑技术导则》等多个政策文件，随后多个省份也出台了相关文件及激励政策积极推动被动式建筑的发展。处于夏热冬冷地区的四川省也响应国家号召，出台了《四川省被动式太阳能建筑设计规范》（DBJ51/T 019—2013）、《四川省被动式建筑技术规程》（DBJ51/T 149—2020）等文件指导和规范四川省被动式建筑的设计。

从相关政策来看，国家大力推广装配式建筑和被动式建筑，四川省也贯彻落实了国家相关意见，可见政治方面对于装配式被动房的发展是十分有利的。

1.2 相关概念界定

1.2.1 装配式建筑

装配式建筑是指把传统建造方式中的大量现场作业工作转移到工厂进行，在工厂加工制作好建筑用构件和配件，运输到建筑施工现场，通过可靠的连接方式在现场装配安装而成的建筑[16]。装配式建筑的主要类型包括预制装配式混凝土结构、钢结构、现代木结构建筑等。与传统建筑相比，装配式建筑能够显著缩短工期。首先，由于大量构件在工厂预制，现场只需进行装配工作，从而减少了现场作业时间和人力需求，大大提高了施工效率。其次，由于构件的精确预制，减少了传统施工中的材料浪费和建筑垃圾的产生，有利于实现绿色建筑和可持续发展。最后，装配式建筑在使用过程中表现出良好的保温性能和节能效果，降低了能源使用和维护成本。

装配式建筑以其高效、环保、多样化和经济性的优势，在现代建筑领域中得到了广泛的应用和推广。随着技术的不断进步和政策的支持，装配式建筑将在未来建筑行业中发挥更加重要的作用。

1.2.2 被动式建筑

被动式建筑是一个在国际上被广泛认可的建筑理念，它强调通过建筑自身的设计来实现节能和高效利用能源，而非依赖传统的耗能建筑设备。这种建筑方式的核心在于其低能耗特性，通过高效的保温隔热性能、气密性更好的围护结构以及高效新风热回收技术等手段，从而使建筑摆脱传统的集中供热系统[17]。被动式建筑可以根据不同地区的气候特征和自然条件进行适应性设计，它充分利用可再生能源，如太阳能，通过自然采光、自然通风以及热回收等方式，实现能源的高效利用。这种建筑方式不仅有助于降低能源消耗，减少温室气体排放，还有助于提高室内环境的舒适度和健康性。通过应用被动式建筑理念，人们可以创造出更加环保、节能和可持续的建筑环境。

1.2.3 装配式被动房

装配式被动房是装配式建筑和被动式建筑的有机结合建筑形式。它通过工厂预制和现场装配施工的方式，利用大幅度降低建筑能耗的技术手段，在满足室内人居环境舒适度要求的前提下，尽可能地减少一次能源消耗。这种建筑形式不仅具有装配式建筑的优点，如缩短施工周期、减少环境污染、节约施工劳动力，还融合了被动式建筑的特点，如适应气候特征和自然条件、合理利用能源、降低建筑供暖供冷需求。

融合后的装配式被动房从设计到使用阶段都展现出了卓越的节能效果。在设计阶段，充分利用被动式设计原理，通过优化建筑朝向、合理布局窗体、高效保温隔热材料等措施，最大限度地利用自然光、自然通风和热能，减少了对传统能源的依赖。在施工阶段，装配式建筑的模块化、预制化特点使得建筑构件的生产更加精确、高效，减少了建筑废料和能耗。同时，装配式建筑的快速装配特点也缩短了施工周期，进一步降低了施工过程中的能源消耗。在使用阶段，装配式被动房通过热回收通风系统等技术手段，实现了对建筑内部环境的精准调控，为居住者提供了舒适的生活环境，装配式被动房可带来显著的节能效果，为推动绿色建筑和可持续发展做出了积极贡献。

1.3 建筑传热机理

建筑传热是一个非常复杂的过程，包括导热、对流和热辐射，建筑传热示意图如图 1-3 所示。

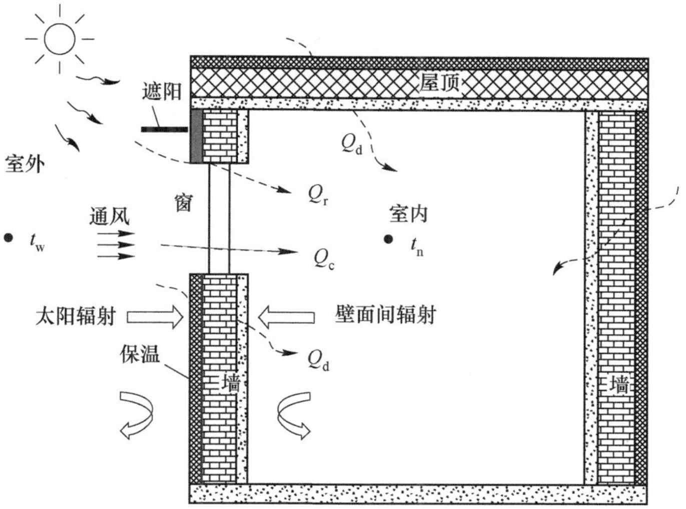

图 1-3 建筑传热示意图

由图 1-3 可知，建筑能耗由通过建筑外围护结构的传热能耗、通风能耗和透过玻璃的太阳辐射能耗构成，建筑传热具有高度非线性、非稳态以及导热、对流、热辐射相互耦合的特点。建筑能耗的影响因素众多，如围护结构类型、气候条件、保温形式、遮阳装置、通风方式及内热源强度等，各因素之间相互作用、相互影响，此外，各个因素又有各自的相关设计参数，如图 1-4 所示。

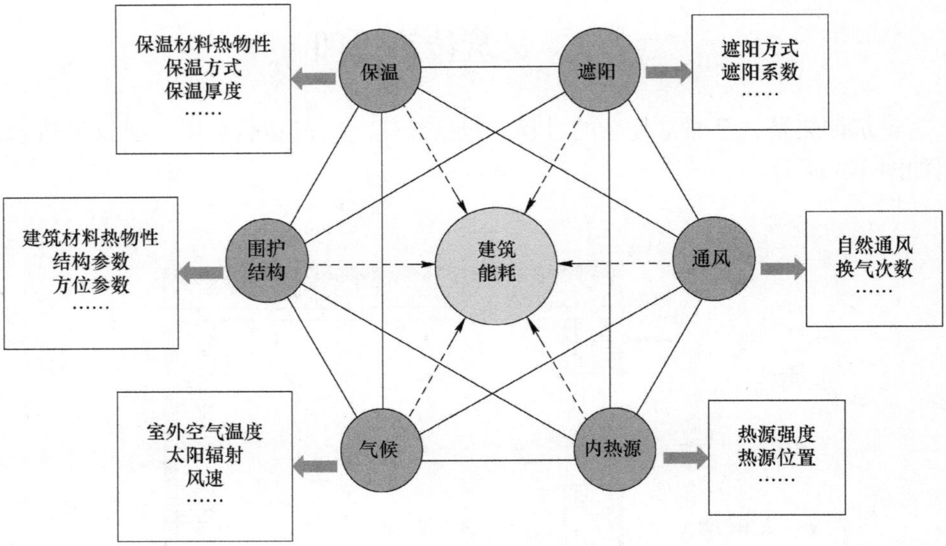

图 1-4 影响建筑能耗的因素

2 装配式被动房的发展及研究现状

2.1 国外装配式被动房的发展现状

2.1.1 装配式建筑的设计与发展研究

国外的装配式建筑发展较早，约20世纪初国外学者们就开始对装配式建筑进行研究，在政府推动以及学者们的深入探索下，装配式建筑体系更加成熟，其中不乏许多优秀研究成果。

2.1.1.1 装配式建筑的创新设计与优化研究

2022年，CHIPPAGIRI等人[18]设计了一种预制保温墙板，并对装配式建筑的性能和可行性进行评估。与粉煤灰砖建筑模型相比，夏季的平均温度降低8%，对建筑能耗和峰值冷却能耗进行评估后发现，预制系统比传统系统分别降低了12%和52%。

2021年，KIRSCHKE等人[19]基于对波兰和德国一些装配式房屋的研究，通过新技术、材料和专利的不断改进，提出了一种创新型钢筋混凝土预制技术。

2018年，LOPES等人[20]对装配式建筑的功能和性能化进行分类，并对其进行类型学的建筑设计分析，以筛选出适合装配式建筑使用的建筑性能设计策略和技术体系。

研究者们不断探索装配式建筑的设计与技术，通过改进材料和技术，降低能耗和提高舒适度，提出创新预制技术和性能设计策略，以提升其性能和可行性。

2.1.1.2 装配式建筑结构体系研究

2021年，TSAI等人[21]基于交叉层板（CLT）的混凝土—木混合结构在东京的能源消耗性能方面相对于纯装配式混凝土建筑具有优势，节能效率可以提高3%~5%。

2018年，TAVARES等人[11]对预制木结构、混凝土结构和轻钢框架结构三种主要结构形式的建筑进行能源消耗比较分析，研究发现，轻钢框架结构和预制木结构形式的装配式建筑在这方面表现良好。

上述研究表明，相较于纯装配式混凝土建筑，混凝土—木混合结构和预制木结构、轻钢框架结构的装配式建筑在降低能耗方面更具优势。

2.1.1.3　装配式建筑热桥分析研究

2018 年，XIMEI Z 等人[22]提出使用尼龙包裹的混合连接器可以减少热桥效应，并发现通过尼龙包裹连接件、降低连接件的导热系数、增加连接件间距以及增加保温层厚度的方法可以改善预制混凝土夹芯墙体的热工性能。

2.1.2　被动式建筑的设计与发展研究

20 世纪 60—70 年代，随着工业革命不断向前推进，能源危机和环境问题逐渐凸显。为降低建筑能耗、减少温室气体排放带来的环境污染问题，许多国家开始对建筑节能潜力进行挖掘，其中产生了不少优秀成果。1988 年，瑞典的博亚当姆森教授和德国的沃尔夫冈费斯特博士提出了全面的“被动房”概念，自此被动房逐渐建立起来[23]。发展至 2009 年，被动式住宅已经成为欧洲住宅节能技术中的主流，并且先后被部分国家纳入国家住宅标准的修订之中。

近年来，国外学者针对被动式房屋进行了一系列多角度的研究工作。

2.1.2.1　被动式建筑在不同气候条件下长期运行效果研究

2019 年，YANG 等人[24]对德国一新建被动式校园建筑运行效果进行为期 3 年的监测研究，使用节能条例（EnEV）、建筑电耗（LEE）和被动式房屋规划方案（PHPP）基准对其供热、制冷和耗电进行评估，研究发现，该建筑可以同时满足三个能源基准系统的要求，且可将碳排放降低至总量的三分之二，验证了校园建筑应用被动式设计的可行性。

2018 年，GUPTA 等人[25]在英国调查了 188 个不同建筑形式和建筑系统的低能耗建筑，包括 50 座被动房（PH）和 138 座非被动房（NPH），研究不同建筑结构对建筑透气性（AP）、外墙/屋顶热透射率（u 值）和整栋房屋热损失的设计值和实测值之间的影响，并生成热成像数据。研究结果显示，被动房的热环境差异与设计值相比较小，实测透气性与实测空间热工性能有较好的相关性，而非被动房得不到这样的结果。

2018 年，COLCLOUGH 等人[26]研究了爱尔兰一套符合近零能耗标准的被动式住宅的运行效果和成本，并与现行建筑法规类似的住宅进行比较，指出近零能耗房屋更舒适且建造成本不高于传统建筑，而被动式住宅标准有助于近零能耗的实现。

许多学者对被动式建筑在不同气候条件下的长期运行效果展开研究，发现被动式建筑可显著降低能耗和碳排放，提高建筑舒适度，且建造成本不高于传统建筑。

2.1.2.2 被动式建筑节能改造与优化研究

2020 年，MAHMOUD 等人[27]以埃及开罗某建筑为例进行被动式节能改造，采用 DesignBuilder 软件模拟该建筑使用不同建筑材料和被动式措施后对月度、年度能耗的影响，并与传统建筑进行对比，评估被动式建筑设计前后的能耗情况。结果表明，选择 125 mm+50 mm 空气层的双层墙和 6 mm 单层反射玻璃可以显著提高已建成建筑的能源性能。

2019 年，BHAMARE 等人[28]对被动冷却技术及其分类、工作原理、应用等进行研究，分析建筑冷能耗和室内温度对被动冷却效果的影响，并指出被动冷却技术可以保持室内温度在舒适范围内，同时减少建筑冷能耗。

2019 年，LEE[29]基于遗传算法（GAs）和计算流体动力学（CFD）的动态规划，对主动和被动建筑设计过程的多目标优化进行了综合研究，以节能、热舒适和室内空气质量作为目标函数，以室外环境波动为随机变量，对建筑几何结构（被动设计变量）和 HVAC 系统（主动设计变量）进行优化。

2018 年，ZHICHAO T 等人[30]研究了建筑能耗模拟与优化技术（BESO）在被动式建筑设计中的应用，指出与其他被动设计方法相比，BESO 是一种更有效的方法，可以帮助设计师（特别是建筑师）探索不同的设计领域。

近年来，研究者们针对被动式建筑的节能改造与优化进行了深入探讨，通过模拟分析和优化算法等手段，提出了多种有效的被动式设计策略和技术，以提高建筑的能源性能和室内环境质量。

2.1.2.3 可再生能源利用与绿色屋顶相关研究

2021 年，ALMUTAIRI 等人[31]对伊朗某乳制品仓库进行研究，模拟 9 种方案，最大限度地利用被动式技术来降低仓库的冷藏能耗；对比研究结果表明，在距地面 3 m 深的位置建造仓库，采用屋顶绿化，可以达到最佳冷却效果。

2019 年，OVEREN 等人[32]采用示踪气体技术对南非某被动式太阳能住宅进行研究，通过监测被标记 CO_2 气体的衰减率评估每个区域的空气变化率（ACH），并对室内温度、环境空气温度、风速和风向等辅助参数进行监测。研究发现，在关掉通风设备的情况下，开窗仍可使室内空气变化率仍处于标准值内，并指出合理开窗可减少室内热能耗，且不影响舒适度。

2019 年，ALBAYYAA 等人[33]分析了澳大利亚悉尼一栋住宅建筑在能源效率设计策略和被动式太阳能策略系统下的能源使用情况。研究结果表明，这两种策略分别能够减少建筑物冬季采暖能耗 36%和 37%。

这些研究探索了可再生能源利用与绿色屋顶在降低建筑能耗和提高能效方面的应用，强调了被动式技术和合理通风对减少热能耗和提高舒适度的积极影响。

2.1.2.4　被动式建筑室内环境研究

2021 年，GAMERO-SALINAS J 等人[34]针对热带地区全年高温高湿的气候特点对两个热带城市进行热模拟，评估公寓式住宅的室内环境过热风险，强调了热带地区建筑规范和建筑设计中被动冷却和过热保护设计策略的重要性。

2018 年，YAGHOUBI M 等人[35]对炎热潮湿气候下伊朗古城市房屋的被动式设计元素进行研究，研究发现，在这些老房子中使用被动式技术显著地提供了充足的室内热条件，良好的自然通风、在建筑外部使用浅色材料、气候适应性材料、使用雨篷、门廊和半开放空间等都可以提高湿热气候下室内环境舒适度，减少建筑能耗。

不同气候区的学者研究表明，利用自然通风、浅色建材及气候适应性材料，可显著提升室内环境舒适度，并有效减少建筑能耗，降低过热风险。

2.1.3　装配式被动房的相关研究

2023 年，SAVVIDES 等人[36]在节能和环境兼容的背景下对某装配式住宅的设计和施工技术进行研究，结合被动式设计策略，从能耗、自然采光、遮阳以及成本角度进行综合考虑，并通过一个案例证明了成套的建筑设计方法能兼顾节能和建筑环境。

2020 年，ROQUE 等人[37]介绍了两个轻质装配式建筑和被动式建筑设计结合的案例，可以减少建筑对暖通空调系统的依赖，并指出结合相变材料的使用可以提供良好的室内热舒适条件和实现低能耗的目标。

2020 年，KRZYSZTOF W 等人[38]对波兰一装配式被动房的能源使用情况进行了 9 年的研究，发现一次能耗逐年增加，难以继续维持被动房标准。研究结果表明，为继续维持被动房标准，应使用可再生能源替代不可再生能源。

2019 年，SHEN 等人[39]对寒冷、温带和湿热气候区装配式建筑的被动式设计理念进行探讨，指出适当增加内部热增益、窗户遮阳以及太阳能直接收益是最有效的气候适应设计方案。

装配式被动房结合相关研究涵盖了节能设计、环境兼容性、自然采光、遮阳、成本效益及可再生能源应用等方面，实践案例显示其能提升室内热舒适度并降低能耗，但长期维持被动房标准需注重可再生能源的利用。

2.2　国内装配式被动房的发展现状

2.2.1　装配式建筑的设计与发展研究

国内装配式建筑起步于20世纪60年代，进入21世纪后，由于装配式建筑符合未来建筑的发展方向，得到政府部门的大力推广。在此背景之下，装配式建筑再一次兴起，也有不少学者从综合效益、围护结构节能保温技术、绿色建材、能耗分析等方面展开研究。

2.2.1.1　装配式建筑的创新设计与优化研究

2023年，高宝军[40]对装配式建筑外墙节能保温要求以及外墙保温技术应用优势特点等进行详细分析，指出岩棉保温装饰一体板本身具有非常明显的优势特点，并对其生产工艺、应用特点以及作业工艺等进行总结。

2023年，肖燕武等人[41]应用BIM技术对一种装配式住宅的飘窗节点进行了优化设计。他们结合窗框传热系数原理，进行了窗户热工性能的计算和分析。通过在预制飘窗的外侧上下部位采用“内高外低”防水企口压槽的设计，成功消除了预制飘窗构件与铝模安装时的误差，有效解决了窗框部位可能产生的漏水问题，这一优化措施显著提升了窗户的隔热节能和保温性能。

2019年，任吉[42]研制出一种新型装配式建筑废弃物轻质隔声保温复合墙板，实验结果表明，研制的复合墙板具有优良性能，符合墙体规范要求，对推动新型墙体材料的发展具有重要作用。

学者们的研究包括外墙节能保温技术的应用、BIM技术在飘窗节点优化设计中的应用，以及新型装配式建筑废弃物轻质隔声保温复合墙板的研制。装配式建筑在创新设计与优化方面取得了显著进展，帮助了装配式建筑的进一步发展。

2.2.1.2　装配式建筑结构体系研究

2021年，王艳等人[43]依据不同阶段的建筑节能设计标准（50%、65%、75%），分别对农村住宅建筑本体进行能耗计算，结果显示，农村住宅建筑存在着较大的节能潜力，但最低应达到节能65%的设计标准要求。针对农村住宅建筑的节能方案，装配式钢结构是一种有利的选择。

2020年，丛曌[44]分析了装配式钢结构住宅外墙系统存在的问题，提出了两种适用于钢结构和混凝土结构建筑的外墙系统，并进行了性能分析，结果表明其在保温隔热性能、防火性能、防水性能、隔声性能和经济性能方面表现优越。

装配式建筑结构体系研究显示，农村住宅建筑节能潜力大，装配式钢结构是节能优选，其外墙系统在性能和经济性上表现优越。

2.2.1.3　装配式建筑热桥分析研究

2022 年，郝雨杭等人[45]研究发现，在寒冷地区消除热桥效应，可以将发泡聚氨酯填充于保温层中央或靠近室内一侧，以确保墙板拼缝处的热工性能满足要求。

2021 年，张苏润等人[46]通过一个实际工程案例对装配式墙体热阻进行近似计算，发现考虑热桥效应与不考虑热桥效应相比，热阻的差距可达 70%以上，并指出消除热桥是非常有必要的。

研究表明，消除装配式建筑热桥效应至关重要，可确保建筑能效提升与居住舒适度增强，是推动装配式建筑可持续发展的重要一环。

2.2.2　被动式建筑的设计与发展研究

为降低建筑能耗，我国也在 2007 年引进德国被动式建筑节能理念和技术[48]，但并没有得到很好的推广应用，发展至今，我国大部分地区仍处于示范项目的基础研究阶段。相比国外的研究，国内被动式建筑起步较晚，发展较缓，且我国幅员辽阔，气候条件复杂，无法完全吸收国外被动式建筑的研究成果，需要适应我国气候进一步研究。

近几年，我国对被动式建筑的研究逐渐深入。我国共有五大气候分区，被动式建设项目主要集中在北方地区，这主要是因为北方地区与德国具有相似的地理纬度和气候条件，在被动式建筑的发展过程中可以更好地借鉴德国相对成熟的技术和经验。在国家的大力推广下，被动式建筑在其他气候分区也逐渐发展起来。我国学者根据我国情况做了不少探索，也取得了一些成果。

2.2.2.1　被动式设计理念及策略研究

2022 年，陈敬等人[47]对甘肃严地区和寒冷地区传统民居进行实地调研，对其应用到的被动式设计策略进行解析，并提炼出可操作的被动式设计语言模式，为当地发展被动式建筑提供参考。

2022 年，纪屏兰[48]针对被动式设计和建筑剖面之间的联系进行研究，提出基于建筑剖面视角下的被动式设计策略，完善了建筑内部构造与做法。

2022 年，孙少楠等人[49]基于 BIM 与建筑能耗模拟软件的结合，研究了寒冷地区被动式构造敏感因子对建筑能耗的影响。研究表明，被动式敏感因子的影响程度依次是：外墙 K 值>屋顶 K 值>外窗 SHGC 值>外窗 K 值>南遮阳系数>南遮阳板偏移，最优水平组合是：南遮阳系数 0.7，南遮阳板偏移 400 mm，外墙 K 值 0.1 W/(m^2·K)、屋顶 K 值 0.1 W/(m^2·K)、外窗 K 值 0.5 W/(m^2·K)、外窗 SHGC 值 0.3。

2021年，刘琳[50]针对武汉地区夏热冬冷的气候特点展开了主被动式热环境设计的研究工作，通过比较不同室内热环境参数对人体热舒适度的影响，以及主被动式热环境设计因素对建筑节能的影响，进一步基于建筑能耗模拟和系统的机理建模方法，探讨了适用于该地区的主被动式热环境设计策略。

2021年，黄方意[51]对我国已建被动式建筑项目进行调研，总结它们的设计策略，并根据重庆的地理、气候特点，提出适合重庆地区被动式建筑设计策略，并以重庆某建筑为例，对提出的被动式建筑设计策略进行应用和验证。

2020年，丁育陶等人[52]对西北五省地区新建与改建乡村居民住宅进行调研，发现室内热环境和建筑节能效果不佳，他们利用 Climate Consultant 气候分析软件结合 DesignBuilder 能耗模拟软件进行了详细分析，总结出适用于当地的被动式设计策略；结果表明，合理设置建筑窗墙比与阳光间、外围护结构传热系数参数以及增设南侧窗户遮阳，可有效降低乡村民居建筑能耗。

近年来，多位研究者针对不同地区的气候特点，对被动式建筑设计的理念、策略及敏感因子进行了深入研究，并提出了适用于各地的被动式建筑设计策略和优化方案。

2.2.2.2　被动式建筑改进和优化研究

2022年，徐宁等人[53]以北京某办公楼为例，依照相关标准规范对其被动式设计部分进行实测，并就实测结果给出相应改进建议。

2021年，孙少楠等人[54]结合 BIM、OpenStudio 和 Daysim 软件，通过 Grasshopper 平台导入参数化建筑性能模拟模型，对目标建筑外表面进行太阳辐射分析，以西面遮阳板倾斜角和深度、南面和西面窗墙比、外墙保温板厚度为被动式节能技术变量指标，使用 NSGA-Ⅱ算法进行多目标优化，得出帕累托前沿解集。研究表明：寒冷B区，固定遮阳无法平衡供暖和制冷需求；窗墙比仅通过采暖、空调能耗目标无法进行优化设计，应结合自然采光性能进行平衡；同时增加保温层厚度，可以提升外墙保温效果。

2021年，赵璐绮[55]以上海某住宅为例，将绿色屋顶与被动式建筑相结合，利用 MATLAB 和 DesignBuilder 软件，从建筑体形、围护结构、空调系统和绿色屋顶等方面出发，进行多种算法的绿色屋顶被动房性能多目标优化研究，提出最优设计参数组合方案。

2019年，韩家祥等人[56]分析苏州同里湖嘉苑被动式建筑改造认证项目改造方案，并就分析结果总结被动式建筑改造的要点。

学者们对被动式建筑改进与优化研究涉及实测分析、BIM技术、算法优化及绿色屋顶等多个方面，通过不同方法提升建筑的能效和舒适度，推动了被动式建筑在我国的发展。

2.2.2.3　被动式建筑推广

2022 年，宋晓刚等人[57]运用 PEST 分析法在政治、经济、环境、技术四个角度从宏观层面分析出被动式建筑发展环境较好，再根据钻石模型理论，从微观层面分析其发展的阻碍因素，并提出解决方案，以推动我国被动式建筑的发展。

2020 年，赵润俐[58]对影响被动式建筑发展的一些因素进行分析，并就如何推动被动式建筑的发展提出了一些看法。

2020 年，王岩峰[59]对国内外相关文献进行研究，对比中德被动式建筑的发展环境、人文环境、市场环境、建筑技术、管理水平的差异，指出要适应国内实际情况对德国被动式建筑节能技术和标准进行调整以便更好应用，并对制约被动式建筑在国内发展的因素进行评价，对中国实际案例应用的问题提出对策建议。

2019 年，李莹等人[60]从设计、施工和使用方面分别阐述了我国被动式建筑发展受阻的原因，提出传统设计规范与被动式建筑设计相冲突、原有施工工艺无法满足被动式建筑施工要求、使用者对被动式建筑认知度低等问题，希望我国及早推行被动式建筑认证制度。

近几年的研究指出，被动式建筑推广面临多重挑战，需结合国内外实际调整技术和标准，解决设计规范冲突、施工工艺不足和认知度低等问题，并推动认证制度的实施。

2.2.3　装配式被动房的相关研究

随着装配式建筑和被动式建筑在我国的兴起和发展，逐渐出现了一些将这两种设计理念结合起来的建筑体系。这些混合体系通常会采用高效节能的装配式建筑结构，并结合被动式建筑的设计原则，通过优化围护结构、使用高性能隔热材料以及建筑设备主动控制室内环境等方式来达到建筑节能的目标。

2022 年，邵康等人[61]指出预制装配式的被动式超低能耗建筑关键技术包括被动式节能技术、高性能建筑用能系统和智能化云平台管理等，可采取的策略包括天然采光、遮阳、蓄热、新风系统和智能化系统等。

2021 年，杨倩苗等人[62]通过三个装配式被动房案例分析了三种结构类型的预制墙体，从气密层的位置、气密层材料、预制墙板设计和薄弱节点构造设计四个方面展开研究并得出以下结论：气密层一般位于采暖房间外墙的室内侧，应根据墙板骨架材料选择适宜的气密层材料，并考虑与墙板原有构造层次的整合；预制被动式建筑墙板设计要根据墙板结构类型，考虑装配程度、墙板尺寸，减小墙板拼接缝的密封构造难度；薄弱节点密封材料应与气密层材料相匹配，密封构造应考虑耐久性和抗裂性，以期为装配式被动房气密性设计提供指导和借鉴。

2021年，杨智慧等人[63]指出装配式被动房有良好的保温效果和气密性，能通过被动获取热量，使室内环境温暖舒适，实现节能减排，可在乡村振兴中运用装配式被动房建造技术。

2020年，浦华勇等人[64]对基于被动式策略的装配式建筑外围护体系进行深入研究，总结出了四种满足被动式要求的装配式外围护体系做法，包括内保温外挂墙板、夹心保温外挂墙板、ALC外墙外保温、ALC外墙内保温体系外维护体系，使装配式和被动式实现有机统一。

2019年，游又能等人[65]介绍了被动式超低能耗建筑与装配式建筑耦合集成技术，提出了其发展过程中存在的问题及发展方向，以促进我国装配式被动房的发展。

2018年，林正豪[66]基于被动式设计理念，探索近零能耗导向下轻质装配式建筑的围护设计策略体系，通过多软件模拟与多实验平台，提出一系列关键技术，包括：非透光围护的无热桥构造、高气密性偏心企口板缝原型、围护主体的“轻重复合”与“相变复合”、双层表皮的“最优组合”与“通用原型”，以及可变双层透光围护的“气候适应原型”等，并证明其有效性。

装配式被动房的研究结合了高效节能的装配式建筑结构和被动式建筑的设计原则，通过优化围护结构、使用高性能材料以及智能化管理等方式实现建筑节能，研究包括节能技术、气密性设计等方面，具有广阔的发展前景和应用价值。

2.3 文献评述

随着被动式建筑的发展，国内外学者都对装配式建筑和被动式建筑展开了诸多不同角度的研究，并且有很多优秀成果。

装配式建筑由于发展时间较长，国内外的相关研究涵盖了多个方面，研究内容包括装配式建筑的设计与优化、材料选择与性能研究等，这些成果为装配式建筑的进一步发展提供了坚实的支撑。

被动式建筑起步较晚，国外对被动式建筑的研究更加深入，涉及不同气候、节能改造、可再生资源和室内环境等多方面，大多学者更关注被动式建筑自身和居住者的使用效果，对于被动式建筑节能技术的研究更多停留在外观设计和结构设计，这些研究使我们更加深入地了解建筑节能的规律，为国内被动式建筑发展提供了一定的研究基础。国内被动式建筑由于引入较晚，国内学者针对被动式房的研究大多集中在建筑自身及推广应用，对于被动式建筑节能技术的研究主要关注建筑遮阳、自然通风、外围护结构等多种被动式技术的综合运用，对相关理论及应用研究的范围、广度和深度都不及传统建筑。同时，由于国内除北方严寒和寒冷地区气候与国外相似可以借鉴相关技术与标准，国内其他气候分区借鉴国外相关技术和标准时都需适应气候适当调整。因此，这些地区被动式建筑的发展也较为滞后。

通过国内外被动式建筑的相关研究发现，针对装配式建筑与被动式建筑相结合的研究较少，且这类研究的侧重点仍在装配部分，更多地关注建筑节点构造、房屋气密性等，与被动式建筑设计的联系较少，且大多研究仍然侧重于热工性能研究，对成本的研究较少。近年来，我国在全面推进生态文明建设、加快推进新型城镇化建设的进程中，高度重视发展装配式建筑与被动式建筑，并给予前所未有的政策支持力度，将二者结合起来，可以大大地降低人们对主动采暖制冷设备的需求，是未来建筑的发展趋势。本书从热工性能、热舒适性和经济性出发对装配式被动房展开研究，期望寻找节能效果好、舒适度高以及经济效益高的设计方案，以推动装配式被动房在夏热冬冷地区的发展，最大限度地节约资源、保护环境，促进夏热冬冷地区的可持续发展。

3 气候特征分析及模型建立

3.1 气候特征分析

3.1.1 我国气候分区

我国位于亚洲东部，地势西高东低，跨纬度较广，距海远近差距较大，加之地势高低不同，地形类型及山脉走向多样，因而气温降水的组合多种多样，形成了多种多样的气候。在 2019 年颁布的《民用建筑设计统一标准》（GB 50352—2019）[67]中，将我国建筑热工区域划分为夏热冬冷地区、夏热冬暖地区、温和地区、寒冷地区以及严寒地区五大区域。各气候分区建筑热工设计区划指标见表 3-1。

表 3-1 我国建筑热工设计区划指标

建筑气候区划名称		热工区划名称	建筑气候区划主要指标
Ⅰ	ⅠA ⅠB ⅠC ⅠD	严寒气候	1 月平均气温≤-10 ℃ 7 月平均气温≤25 ℃ 7 月平均相对湿度≥50%
Ⅱ	ⅡA ⅡB	寒冷地区	1 月平均气温-10~0 ℃ 7 月平均气温 18~28 ℃
Ⅲ	ⅢA ⅢB ⅢC	夏热冬冷地区	1 月平均气温 0~10 ℃ 7 月平均气温 25~30 ℃
Ⅳ	ⅣA ⅣB	夏热冬暖地区	1 月平均气温>10 ℃ 7 月平均气温 25~29 ℃
Ⅴ	ⅤA ⅤB	温和地区	1 月平均气温 0~13 ℃ 7 月平均气温 18~25 ℃

3.1.2 夏热冬冷地区气候特征

我国按照气温划分四季，通常以五天的平均气温小于 10 ℃为冬季，大于 22 ℃为夏季，10~22 ℃为春秋季。按此标准，夏热冬冷地区春秋两季各约 2 个月，冬、夏各约 4 个月。夏季多数地方最高温度可达 40~42 ℃，7 月平均气温比世界上同纬度其他地区高出 2 ℃左右，是地球上同纬度范围内除沙漠干旱地区以外最炎热的地区；冬季由于北极和西伯利亚寒潮频繁侵袭，又受到南岭和东南丘陵的阻挡，导致寒冷时间较长，特别是 1 月份平均气温比世界上同纬度其他地区一般要低 8 ~10 ℃，是世界上同纬度冬季最寒冷的地区；夏热冬冷地区又常年潮湿，平均相对湿度多在 70%左右，冬、夏季人体热舒适较差。与我国其他地区相比，夏热冬冷地区表现出亚热带季风性湿润气候的特点，冬季湿冷、夏季湿热，且四季分明。

3.1.3 成都市气候特征分析

成都市坐落于西南地区东部，四川盆地西部，处于成都平原腹地，境内地势平坦、河道密布、物产丰富，有“天府之国”的美誉。成都受亚热带季风性湿润气候影响，呈现典型的夏热冬冷地区气候特征，季节区分明显，夏季闷热，冬季湿冷，舒适性较差。随着城市化进程的加快，成都市建筑密度越来越大，城市建筑环境问题也越加明显，建筑节能也被推上了新高度，因地制宜对建筑进行节能设计策略研究可以更好地兼顾节能及舒适性，因此，对成都市气候特征进行分析是开展该地区建筑节能设计研究的必要基础。

目前国际上常用的气候分析软件有 Weather tool 和 Climate Consultant，二者都能读取特定地区全年的气象数据，并输出一系列图表，以便读者能够对该地区气象进行分析。尽管两个气候分析软件都能生成综合人体热舒适和气象参数的焓湿图，但 Climate Consultant 生成的焓湿图能提供 15 项被动式设计策略，Weather tool 仅提供 6 项被动式设计策略；由于 Climate Consultant 生成的焓湿图考虑了室内热源等因素，分析结果更加准确，可参考性更高，能够提供更全面的设计指导。因此，本书以 Climate Consultant 作为气象分析工具[68]，该软件能够读取多种气象数据格式，并生成二维或三维视图图表，直观地展示气候特征。

Climate Consultant 列举了 4 种舒适模型[69]，用户可以从四种舒适的定义中选择一种进行舒适区分析。本项目所在地为成都市，该市气象数据选择 2005 年清华大学建筑技术科学系联合中国气象局气象信息中心汇编的中国建筑热环境分析专用气象数据库 CSWDEPW 作为舒适模型进行分析。

3.1.3.1 气温分析

由图 3-1 可知，成都市位于四川盆地，属于亚热带季风气候，常年气温在

0 ℃以上，四季年平均气温 16 ℃，全年极端高温均低于 35 ℃；由于多云雾，空气十分潮湿，夏季气温虽然不高，却十分闷热；冬季阴天多且潮湿，显得阴冷，符合夏热冬冷地区的气候特征。从气温变化趋势来看，夏季月平均气温最高值出现在 7 月，逐渐向两侧递减；冬季月平均温度最低值出现在 1 月，偶有零下气温。二维码中的彩图 3-1 中灰色部分（20 ~26 ℃）表示舒适区间，成都市夏季气温明显高于舒适区间，冬季气温明显低于舒适区间，全年仅 4 个月大部分气温处于舒适区间、较为舒适，其余月份则需要借助设备系统来调整舒适度。

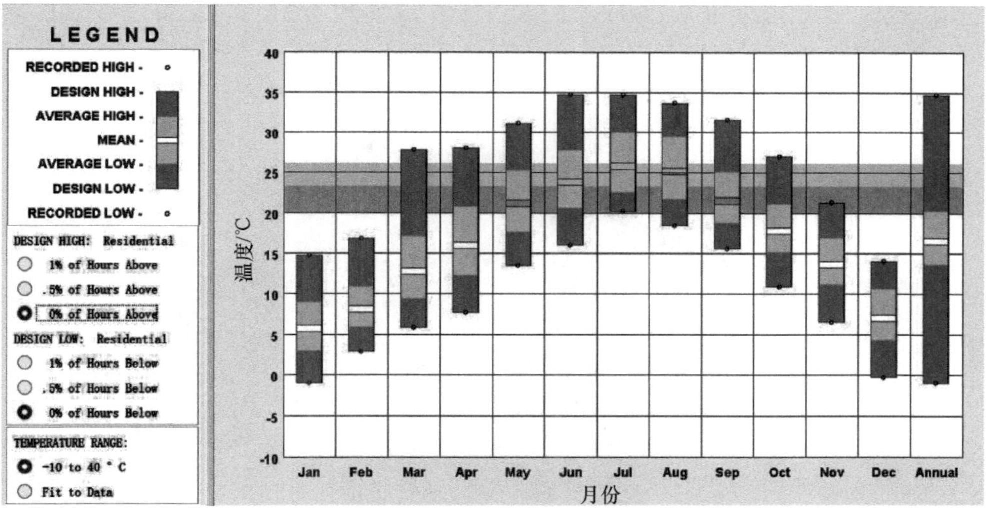

图 3-1　成都市全年气温范围

（来源：Climate Consultant 软件截图）

图例（LEGEND）；记录最高值（RECORDED HIGH）；设计最高值（DESIGN HIGH）；平均最高值（AVERAGE HIGH）；平均值（MEAN）；平均最低值（AVERAGE LOW）；设计最低值（DESIGN LOW）；记录最低值（RECORDED LOW）。

图 3-1 彩图

设计最高值（DESIGN HIGH）；针对住宅（Residential），有以下情况：

1% 的时间高于（1% of Hours Above）；0.5% 的时间高于（.5% of Hours Above）；0% 的时间高于（0% of Hours Above）。

设计最低值（DESIGN LOW）；针对住宅（Residential），有以下情况：

1% 的时间低于（1% of Hours Below）；0.5% 的时间低于（.5% of Hours Below）；0% 的时间低于（0% of Hours Below）。

温度范围（TEMPERATURE RANGE）；

-10 到 40 摄氏度（-10 to 40 ℃）；适配数据（Fit to Data）。

一月（Jan）；二月（Feb）；三月（Mar）；四月（Apr）；五月（May）；六月（Jun）；七月（Jul）；八月（Aug）；九月（Sep）；十月（Oct）；十一月（Nov）；十二月（Dec）；全年（Annual）。

3.1.3.2　太阳辐射分析

成都市气候的一个显著特点是多云雾，导致日照时间短，春夏季日照相对丰富，可以合理利用太阳能资源。图 3-2 所示为成都市太阳能水平辐射图，其中有 10%时间水平面总辐射量位于 316～474 Wh/m^2 区间内，其中辐射峰值为 460.57 Wh/m^2。见二维码中的彩图，除夜间外（深蓝色），成都全年还有 22%的时间（中蓝色）水平面总辐射量停留在 4～158 Wh/m^2 区间内，17%的时间（浅蓝色）水平面总辐射量停留在 158～316 Wh/m^2。从时间线来看成都市的太阳水平辐射量，3—10 月日光较好，正午太阳辐射最强。根据《中国统计年鉴 2022》已有记录，太阳能发电从 2009 年的 3 万千瓦发展到 2021 年 30654 万千瓦。由图 3-2 可见，成都市仍可利用围护结构设计增强太阳的热。

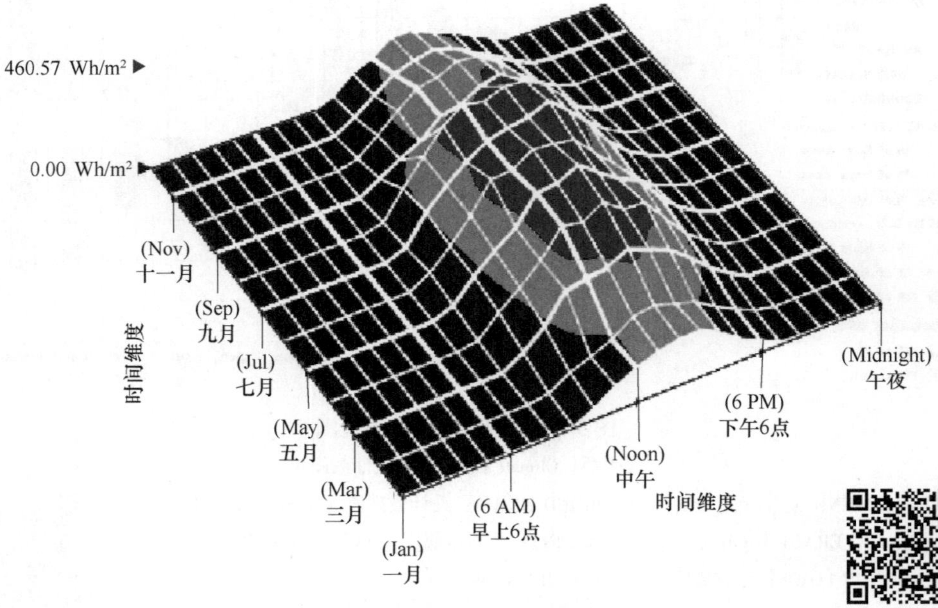

图 3-2　成都市太阳水平总辐射量图

（来源：Climate Consultant 软件截图）

图 3-2 彩图

3.1.3.3　湿度分析

由二维码中的彩图 3-3 可知，深红色为相对湿度大于 80%的时候，成都市有 62%的时间相对湿度大于 80%，28%的时间相对湿度位于 60%～80%区间内。这是由于成都市独特的地理位置造成的，导致全年雨水多，成都市气象局监测资料显示，成都市常年平均降雨日数为 147.7 天、年平均降雨量为 948.6 mm，这组数字与全国平均水平相比，略为偏多。其主要原因是，成都地处于四川盆地，其北方山脉较高大，南方山地和高原高度相对较低，这就有利于东南和西南气流将水汽带入；水汽下沉又容易滞留在盆地内，导致四川盆地常年都处于高湿度状态，多数时间相对湿度达到或接近临界饱和状态，阴雨也就成为日常。因此，全年相对湿度较高，也逐渐导致了成都市冬夏季舒适性较差，成都市独特的气候条件，对当地的建筑也提出了更高的要求。

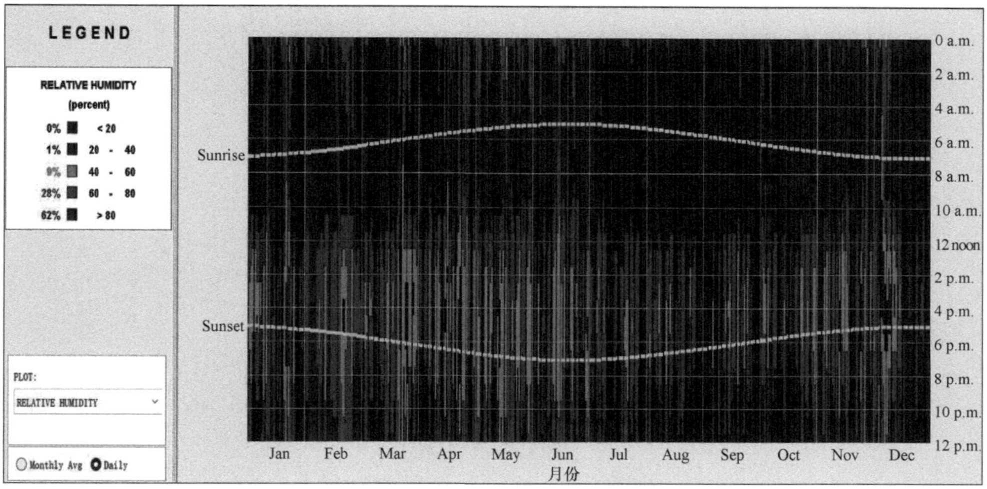

图 3-3 成都市累月相对湿度分布图

（来源：Climate Consultant 软件截图）

图例（LEGEND）；相对湿度（RELATIVE HUMIDITY）；单位为百分比（percent）；绘图选项（PLOT）；相对湿度（RELATIVE HUMIDITY）；月平均（Monthly Avg）；每日（Daily）；日出（Sunrise）；日落（Sunset）。

横轴：1 月（Jan）；2 月（Feb）；3 月（Mar）；4 月（Apr）；5 月（May）；6 月（Jun）；7 月（Jul）；8 月（Aug）；9 月（Sep）；10 月（Oct）；11 月（Nov）；12 月（Dec）。

纵轴：凌晨 0 点（0 a. m.）；凌晨 2 点（2 a. m.）；凌晨 4 点（4 a. m.）；早上 6 点（6 a. m.）；早上 8 点（8 a. m.）；上午 10 点（10 a. m.）；中午 12 点（12 noon）；下午 2 点（2 p. m.）；下午 4 点（4 p. m.）；下午 6 点（6 p. m.）；晚上 8 点（8 p. m.）；晚上 10 点（10 p. m.）；晚上 12 点（12 p. m.）。

图 3-3 彩图

3.1.3.4 基于焓湿图的被动式建筑节能策略分析

焓湿图是综合人体舒适度、建筑环境、气象参数而设计的一种图表分析。成都市全年的气候焓湿图如图 3-4 所示，其中，横坐标表示干球温度，纵坐标表示绝对湿度和露点温度，斜曲线表示相对湿度，斜直线表示湿球温度，二维码中的彩图中，蓝色框区域表示在自然条件、无任何技术措施下能达到室内热舒适的区间，舒适区的左方、右方、上方、下方分别是过冷、过热、过于潮湿和过于干燥区域[70]。

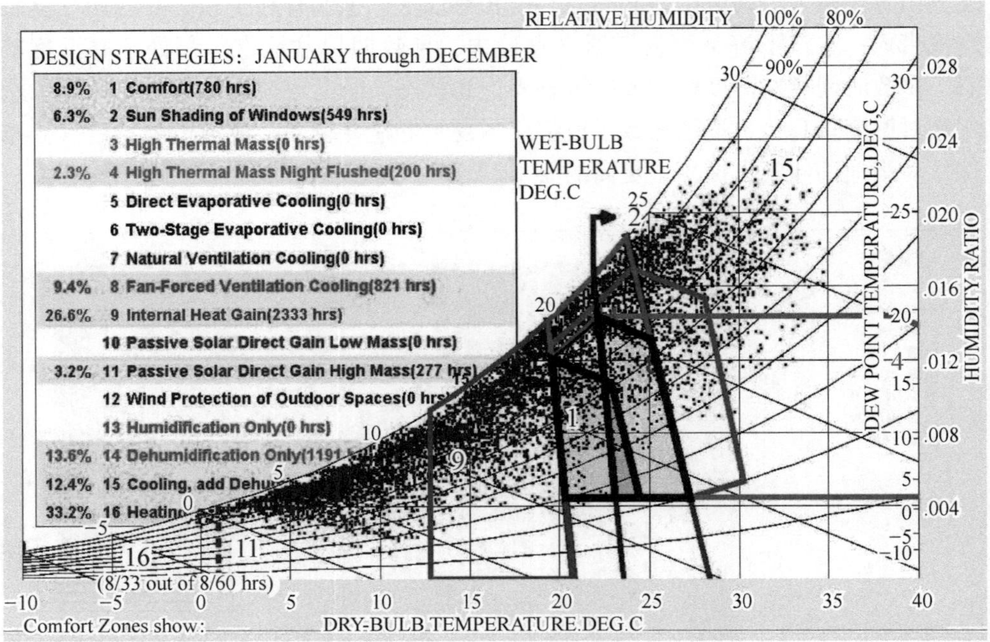

图 3-4　焓湿图

（来源：Climate Consultant 软件截图）

图 3-4 彩图

设计策略：1 月至 12 月（DESIGN STRATEGIES：JANUARY through DECEMBER）。

8.9%：1. 舒适度（780 小时）［1 Comfort（780 hrs）］。

6.3%：2. 窗户遮阳（549 小时）［Sun Shading of Windows（549 hrs）］。

3. 高热质量（0 小时）［High Thermal Mass（0 hrs）］。

2.3%：4. 高热质量夜间冲洗（200 小时）［High Thermal Mass Night Flushed（200 hrs）］。

5. 直接蒸发冷却（0 小时）［Direct Evaporative Cooling（0 hrs）］。

6. 两级蒸发冷却（0 小时）［Two-Stage Evaporative Cooling（0 hrs）］。

7. 自然通风冷却（0 小时）［Natural Ventilation Cooling（0 hrs）］。

9.4%：8. 风机强制通风冷却（821 小时）［Fan-Forced Ventilation Cooling（821 hrs）］。

26.6%：9. 内部热量增益（2333 小时）［Internal Heat Gain（2333 hrs）］。

10. 被动式太阳能直接增益低热质量（0 小时）［Passive Solar Direct Gain Low Mass（0 hrs）］。

3.2%：11. 被动式太阳能直接增益高热质量（277 小时）［Passive Solar Direct Gain High Mass（277 hrs）］。

12. 室外空间防风（0 小时）［Wind Protection of Outdoor Spaces（0 hrs）］。

13. 仅加湿（0 小时）［Humidification Only（0 hrs）］。

13.6%：14. 仅除湿（1191 小时）［Dehumidification Only（1191 hrs）］。

12.4%：15. 制冷，必要时除湿（1078 小时）［Cooling，add Dehumidification（1078 hrs）］。

33.2%：16. 采暖，必要时加温（2887 小时）［Heating，add Humidification（2887 hrs）］。

相对湿度（RELATIVE HUMIDITY）。湿球温度（WET-BULB TEMPERATURE），单位：摄氏度（DEG. C）。干球温度（DRY-BULB TEMPERATURE），单位：摄氏度（DEG. C）。

“HUMIDITY RATIO”的意思是“湿度比”；舒适区显示（Comfort Zones show）。

基于 Climate Consultant 软件对适宜成都市的被动房设计策略进行分析，见表 3-2。成都市舒适度较高的月份主要是 4 月、5 月和 10 月，其他月份舒适度指数并不高，全年舒适度仅 8.9%，数据表明成都市全年大多数时间都需要采取技术手段来改善室内湿热环境。

表 3-2 成都市被动房设计策略全年有效时间占比 %

时间	1月	2月	3月	4月	5月	6月	7月	8月	9月	10月	11月	12月	全年
热舒适			5.9	17.4	45	7.8	1.6		9.9	17.5	1		8.9
窗户遮阳			1.5	3.1	10.6	15.1	17.3	18.7	6.7	1.6			6.3
建筑蓄热+夜间通风					12	5			6.4				2.3
风机加强通风			1.3	1	16.4	39.9	9.9	9.1	31.5				9.4
建筑得热	0.8	7.4	37.2	59.9	36.8	11.7		1.1	26.5	76.1	59.6	2.3	26.6
被动式太阳能+高蓄热		1.6	5.8	8.1	8.1	0.4		0.3			3.9		3.2
仅除湿					5.1	43.3	30.6	35.9	44.7	3			13.6
制冷（必要时除湿）					0.3	19.9	64.1	56.2	6.8				12.4
采暖（必要时加湿）	96.6	90.9	53.9	20.6		0.1		0.3	1.7	2.4	37.5	96.1	33.2

来源：作者整理。

其中，对室内舒适度改善较大的几项策略分析如下。

（1）窗户遮阳。这一项策略能将全年平均舒适度提高 6.3%，从上述数据来看，成都市 3—10 月均需考虑窗户遮阳，尤其是 5—8 月，窗户遮阳的舒适度贡献率在这些月份均达到 10%以上。建筑的遮阳措施及遮阳形式有多种，如窗户外遮阳、内遮阳和本体遮阳等。通过大量调研，发现成都市住宅很少采用外遮阳，大多是采用内遮阳和本体遮阳，内遮阳通常由住户选择窗帘进行遮阳，而窗户本体遮阳对于住户而言，需要在装修时选择合适的外窗且不可经常更换，外窗不仅影响遮阳还是建筑热传递的重要途径之一。鉴于此，本书对窗户本体进行研究。

（2）风机加强通风。有效性时间段基本分布在 5—9 月，尽管自然通风可以带走一部分室内热量，但舒适度仍然无法满足居民需求，需补充机械通风，可采取安装新风系统等方式进行机械通风来降低室内温度。

（3）建筑得热。主要影响春秋两季的舒适度，夏季和冬季由于室外气温过高或过低，需要空调系统来满足住户对室内舒适度的要求。建筑得热应在建筑设计时进行考虑，通常对围护结构热工性能进行合理设计来保证建筑得热，具体研究在下文展开。

（4）仅除湿。可在 5—9 月平均带来 27.1%的室内舒适度，全年带来约 13.6%的舒适度。对于成都市而言，需在这几个月进行室内除湿，自然通风可以带走一部分室内湿度和热量，但室内舒适度仍然较低。因此，对于住宅建筑可以采用新风系统进行通风除湿。

（5）制冷采暖策略。分别对成都市夏季和冬季室内热舒适有较大改善效果，制冷且在必要时除湿策略在夏季能达到 12.4%的室内舒适度改善率，采暖且在必要时加湿在冬季可达到 33.2%的室内舒适度改善率，占比是所有策略中最大的。这部分舒适度的改善需要加入空调系统，本书加入多联机系统，并将空调运行控制策略作为恒量，以便于对热回收新风系统进行研究。

综上所述，本书对被动房设计策略的研究将围绕建筑围护结构和热回收新风系统进行。

3.2　能耗模拟软件

3.2.1　能耗模拟软件简介

目前能耗模拟软件有 DOE-2、DeST、EnergyPlus、DesignBuilder、EQuest 等[71]。下面对它们各自特点进行简要介绍。

DOE-2 软件作为美国的国家级实验室开发的产品，是由 FORTRAN 语言编写的程序，能够模拟建筑的全年逐时能耗，是目前公认的最权威、最经典的能耗模拟软件之一，其他许多模拟软件也都是基于 DOE-2 内核开发。我国建筑节能设计标准的大多数临界值，均是经 DOE-2 软件计算得出的。但是，DOE-2 软件存在一些问题导致其使用门槛变高：第一，DOE-2 是一款专业性很强的软件，本身用户界面并不友好，操作人员需经过培训才能初步掌握它的操作界面，且全英文的参数输入和文件输出也给设计师的使用造成困难；第二，代码的可拓展升级能力有限，限制了一些功能的开发。因此，这些原因导致它的普及率并不高。

DeST 软件基于 AUTOCAD 平台，是清华大学学者们的研究成果，该软件采用“状态空间法”计算不透明围护结构传热，严格保证房间的热平衡，采用模块化计算、分阶段模拟的方式处理相关设计方案。由于程序设计思路的限制，对流换热系数值无法调整，因此在仿真模拟时存在一些误差。

EnergyPlus 软件是美国研究人员在对 DOE-2 和 BLAST 合并的基础上开发的，继承了这两个软件的功能，改善了 DOE-2 和 BLAST 在使用过程中存在的问题，引用了 LSPE 结构［包括能耗模块（Loads）、系统模块（Systems）、设备模块（Plants）和经济模块（Economics）四个组成部分］，能够进行能耗分析和能耗计算，现在广泛用于建筑能耗仿真。

DesignBuilder 软件由英国 DesignBuilder 公司开发，是一款针对建筑能耗动态模拟程序 EnergyPlus 开发的综合用户图形界面模拟软件，可对建筑采暖、制冷、照明、通风、采光等进行全能耗模拟分析和经济分析。

EQuest 软件是由美国基于 DOE-2 内核开发的一款能耗模拟软件，适用于建筑设计各个阶段，操作简单，能进行能耗模拟、空调系统各设备及性能模拟、经济分析，但精确度不高。

3.2.2　能耗模拟软件比选

建筑能耗的模拟计算与建筑围护结构参数、人员活动、照明功率、设备功率等热扰以及气候条件等因素相关，故在使用计算机进行能耗计算时，要能全面考虑相关因素并进行正确的计算，输出合理的报告，才能全面充分地了解建筑的能耗使用情况，进而做出正确的节能措施。根据对上述常用能耗模拟软件的简单介绍，对比它们的优缺点，见表 3-3。

表 3-3　能耗模拟软件特性对比

软　件	EnergyPlus	DOE-2	DeST	TRNSYS	DesignBuilder	OpenStudio	EQuest
可视化界面	×	√	√	√	√	√	√
模拟方式	CIF、热平衡法、热传导传递函数法	反应系数法、全因子试验法	热平衡法	模块法	CIF、热平衡法	热平衡法	反应系数法
动态模拟	可到分钟	逐时	逐时	逐时	可到分钟	可到分钟	逐时
系统结构调整	√	×	√	√	√	√	√
自然通风模拟	√	×	√	√	√	√	√
热舒适度分析	√	×	×	√	√	√	√
遮阳模拟	√	√	√	√	√	√	√
室内外温度计算	√	×	√	√	√	√	√
墙壁传湿模拟	√	×	×	×	√	√	√
照明模拟	√	√	√	√	√	√	√
经济分析	√	×	√	×	×	×	×
输出报告	√	×	×	√	√	√	√
模拟精度	高	低	低	低	较低	较低	低

综上对比可以发现，EnergyPlus、DesignBuilder 和 OpenStudio 在软件功能方面优于其他软件，但 EnergyPlus 在所有软件中模拟精度最高。因此，本书选用 EnergyPlus 软件进行能耗仿真。

3.2.3　EnergyPlus 软件功能介绍

EnergyPlus 对于建筑设计而言，是一款高级配置软件，其功能强大，能处理各类复杂建筑，能够模拟计算出建筑物全年（8760 h）的动态逐时建筑能耗。EnergyPlus 基于热平衡法进行工作，热平衡算法包括了导热传递函数算法（Conduction Transfer Function，CTF）、湿传递函数算法（MTF）、有效水分渗透深度算法（EMPD）。其中，CTF 只考虑热量的传递而不考虑湿度在建筑结构中储存和扩散，MTF 同时考虑热传递和在建筑结构中蒸汽的吸收，EMPD 可感知表面的热量散射和内表面湿度储存。根据不同的输出需求，软件可选择相应的算法。

通常使用 EnergyPlus 软件需要结合 Sketch Up 和 OpenStudio 建立模型，并输出 IDF 文件，才能导入 EnergyPlus 软件进行参数设置和模拟。其中，OpenStudio 作为 Sketch Up 的建模插件，借用 Sketch Up 建立项目工程三维几何模型。EnergyPlus 软件常用来完成建筑能耗模拟、设备运行能耗模拟、系统模拟以及进行经济分析等工作。

3.2.3.1 建筑能耗模拟

EnergyPlus 软件对于能耗计算，在计算室内热平衡方面，主要包括室内房间空气热平衡、墙体内热平衡、房间外表面热平衡和房间内表面热平衡四部分内容。计算传热时，EnergyPlus 采用导热传递函数算法（CTF），这是基于外围护墙体的内表面温度，EnergyPlus 首先采用状态空间法求解围护结构的热工特性，从而得到其内外表面热流与内外表面温度之间的关系，在考虑围护结构内外表面的热平衡时，考虑室内多个内表面之间的相互辐射换热及与近壁面空气的对流换热，构成了壁面热平衡方程；再结合空气热平衡方程，构成总的热平衡方程，严格保证了室内的热平衡，并将转变为冷、热能耗输出。在 EnergyPlus 软件中，用户可以自由定义计算的时间步长，步长越短计算越准确，计算的时间也更长；相反，步长越长，计算时间越短，计算准确性就会降低。所以在计算的过程中，用户需要在权衡计算精度与时间成本的基础上，选取合适的时间步长。

3.2.3.2 设备运行能耗模拟

设备模块是模拟制冷机、锅炉、冷却塔等冷热源设备。制冷机、过滤、冷却塔等设备分别使用冷水、热水和冷却水环路连接起来，采用曲线拟合法进行设备模拟。

3.2.3.3 系统模拟

EnergyPlus 软件采用模块化的系统模拟方法，可以模拟常见的空调系统，包括模拟空调系统的空气输送设备、风机、盘管以及相关控制装置，这些部件由节点组成环路再构成整体，与房间可进行多环路的连接。为方便用户使用，开发者已经在软件中将空调系统做成模块，在模拟时可以直接调用，不需重新设置。

3.2.3.4　经济分析

EnergyPlus 软件还可以进行成本分析和全生命周期成本估算。用户可在应用界面上，找到相应经济分析的模块，进行参数设置后可对全生命周期成本进行分析。

EnergyPlus 软件可同时进行 4 个不同板块的模拟，模拟流程图如图 3-5 所示。

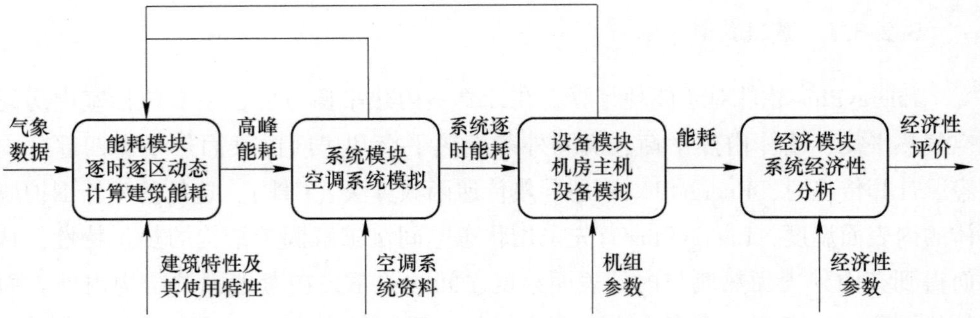

图 3-5　EnergyPlus 软件同步模拟流程图

3.3 模 型 建 立

3.3.1 模型选择依据及建模原则

为了更好地研究夏热冬冷地区绿色建筑被动房性能影响机理及设计策略，选择属于夏热冬冷地区的成都市新建被动房为参考，实地进行相关参数测量，并使用 Sketch Up 建立三维模型。

3.3.1.1 模型选择依据

在模型的选择上，主要考虑了模型所在热工分区的位置，以及实验地理位置的代表性和数据采取的方便性。

A 所在热工分区区域

由于气候原因，被动房技术最先引入我国北方寒冷地区，且取得了不错的效果。夏热冬冷地区，被动式建筑引入还未起步，为了进一步响应国家能源安全的号召，减少在建筑使用周期的能源消耗，降低建筑在我国能源消耗的占比，在夏热冬冷地区发展被动式建筑是有必要的。与我国北方大不相同，由于被动房才开始涉足夏热冬冷地区，在区域气候和地理上的差别，致使不能直接沿用国外被动房相关技术。为了加快被动房在夏热冬冷地区的应用、减少能耗和保护我国能源安全，被动房在夏热冬冷地区的设计策略及性能影响机理研究十分急迫且非常有必要。

通过统计近几年 40 篇对被动房热工分区的研究论文发现，严寒地区被动房相关的论文有 7 篇[72]，寒冷地区被动房相关的论文有 14 篇[73]，夏热冬冷地区被动房相关的论文有 8 篇[74]，夏热冬暖地区被动房相关的论文有 4 篇[75]，温和地区被动房相关的论文有 7 篇[76]，如图 3-6 所示。

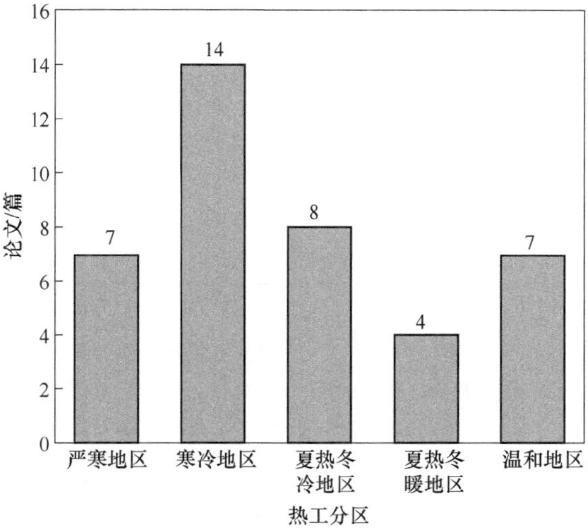

图 3-6 近几年关于被动房不同热工分区研究论文统计

由于被动式建筑起源于德国，而德国属于寒冷地区，所以在我国寒冷及严寒地区许多被动式技术可以直接沿用或稍微改进德国已有被动式技术就可应用。因此近几年严寒和寒冷地区的被动房相关研究占据了50%以上，通过阅读可以知道目前对严寒和寒冷地区在建筑技术上的研究很少，大多数是对建筑体型、智能控制方略、围护结构等上面的研究。夏热冬暖地区主要解决的问题是夏季的炎热，主要是从结构、通风、遮阳等方面进行研究。暖和地区由于气候条件优越，非常适宜居住，大多数研究是基于既有老式建筑进行围护结构设计，提高围护结构构造、添加被动式照明、优化遮阳方法等来达到降低建筑使用能耗，研究的必要性和创新点不多，因此近几年温和地区的相关文献较少。夏热冬冷地区要兼顾缓解夏季的高温、冬季的冰凉感，从本质上两者的有些被动式技术效果是矛盾的，所以如何保证冬暖夏凉，且节约能耗成了夏热冬冷地区被动房解决的关键问题。在全国的气候分区中又因为地理位置的差异性，需要根据位置特征选择适宜的被动式技术、更符合当地使用习惯的智能控制方法。在技术上，需要基于德国被动式技术改进，近几年夏热冬冷地区被动式建筑的研究占比在不断地提升，据目前的统计占比已经达到了20%。

由于我国地域的特殊性，将我国气候分区划分为7个主气候区，20个子气候区，见表3-4。

表3-4　我国建筑气候区划指标及基本要求

建筑气候区划名称		热工区划名称	建筑气候区划主要指标	建筑基本要求
Ⅰ	ⅠA ⅠB ⅠC ⅠD	严寒地区	1月平均气温≤-10 ℃； 7月平均气温≤25 ℃； 7月平均相对湿度≥50%	(1) 建筑物必须充分满足冬季保暖、防寒、防冻等要求； (2) ⅠA、ⅠB区应防止冻土、积雪对建筑物的危害； (3) ⅠB、ⅠC、ⅠD区的西部，建筑物应防冰雹、防风沙
Ⅱ	ⅡA ⅡB	寒冷地区	1月平均气温-10~0 ℃； 7月平均气温18~28 ℃	(1) 建筑物必须充分满足冬季保暖、防寒、防冻等要求，夏季部分地区应兼顾防热； (2) ⅡA区建筑物应防热、防潮、防暴风雨，沿海地带应防盐雾侵蚀

续表 3-4

建筑气候区划名称		热工区划名称	建筑气候区划主要指标	建筑基本要求
Ⅲ	ⅢA ⅢB ⅢC	夏热冬冷地区	1月平均气温 0~10 ℃； 7月平均气温 25~30 ℃	(1) 建筑物应满足夏季防热、遮阳、通风降温要求，并应兼顾冬季防寒； (2) 建筑物应防热、防潮、防洪、防雷电等要求； (3) ⅢA 区应防台风、暴雨袭击及盐雾侵蚀； (4) ⅢB、ⅢC 区北部冬季积雪地区建筑物的屋面应有防积雪危害的措施
Ⅳ	ⅣA ⅣB	夏热冬暖地区	1月平均气温>10 ℃； 7月平均气温 25~29 ℃	(1) 建筑物应满足夏季遮阳、通风、防热要求； (2) 建筑物应防暴雨、防潮、防洪、防雷电； (3) ⅣA 区应防台风、暴雨袭击及盐雾侵蚀
Ⅴ	ⅤA ⅤB	温和地区	1月平均气温 0~13 ℃； 7月平均气温 18~25 ℃	(1) 建筑物应满足防雨通风要求； (2) ⅤA 区建筑物应注意防寒，ⅤB 区应特别注意防雷电
Ⅵ	ⅥA ⅥB	严寒地区	1月平均气温-22~0 ℃； 7月平均气温<18 ℃	(1) 建筑物应充分满足保暖、防寒、防冻等要求； (2) ⅥA、ⅥB 区应防止冻土对建筑物地基及地下管道的影响，并特别注意防风沙； (3) ⅥC 区的东部，建筑物应防雷电
	ⅥC	寒冷地区		
Ⅶ	ⅦA ⅦB ⅦC	严寒地区	1月平均气温-20~-5 ℃； 7月平均气温≥18 ℃； 7月平均相对湿度<50%	(1) 建筑物应充分满足保温、防寒、防冻的要求； (2) 除ⅦD 区域外，应防止冻土对建筑物地基及地下管道的影响； (3) ⅦB 区建筑物应特别注意防积雪的危害； (4) ⅦC 区建筑物应特别注意防风沙，夏季兼顾防热； (5) ⅦD 区建筑物应注意夏季防热，吐鲁番盆地应特别注意隔热、降温
	ⅦD	寒冷地区		

每个气候分区涵盖的主要城市，可参考《公共建筑节能设计标准》GB 50352—2019 有关规定。

四川省的成都、宜宾、南充、万州、达州等地区属于夏热冬冷气候区。由此本书选择属于夏热冬冷地区的成都市为代表，展开对夏热冬冷地区被动房的性能影响机理及设计策略研究。

B　案例地理位置的代表性

成都市是四川省省会、副省级市、特大城市、成渝地区双城经济圈核心城市，国务院批复确定的中国西部地区重要的中心城市，国家重要的高新技术产业基地、商贸物流中心和综合交通枢纽，总面积为 14335 km^2，建成区面积为 949.6 km^2，常住人口为 1658.10 万人。在建筑行业迅猛发展的浪潮下，成都市新建住宅数量呈井喷式增长。与此同时，建筑节能设计标准也水涨船高。被动式建筑作为建筑节能领域的佼佼者，以其显著的节能效果、舒适的室内环境营造能力等优点，完美契合不断攀升的设计要求。然而，被动式建筑在发展进程中并非一帆风顺，面临着诸多制约因素。当前，国内被动式建筑技术应用范围有限，实际操作经验不足，并且因其对材料、工艺要求更高，致使建筑成本相较普通住宅增加。此外，专业人才培养体系尚不完善，被动式建筑专业技术人才输出短缺。最后，大众对被动房的认知存在片面性、信任度较低，这些都阻碍了被动式建筑的推广。

本书选取位于成都市龙泉驿区的某装配式被动房作为研究对象，该建筑以其独特的优势和示范作用，为解决被动式建筑在成都市发展面临的诸多问题提供了宝贵的实践经验和参考案例。

3.3.1.2　建模原则

三维建模使用的软件是 Sketch Up，除了遵守软件建模基本原则外，主要是掌握模型的简化原则。本书主要研究围护结构、新风系统、空调系统、遮阳系统、建筑朝向等内容，室内房间的大小、位置并不影响研究结果，由此模型主要简化原则是尽量减少室内房间数，减少建模难度、出错率和输出数据量。减少室内房间数主要根据室内功能分区，分为公共区（客厅、餐厅、厕所）、起居室、厨房、楼道区（步梯、电梯）。

3.3.2　物理模型的建立

本书以成都市已建成的某装配式被动房为研究对象，对原设计方案进行优化。根据该住宅建筑图纸与设计指标，将整体建筑内部功能分区做出适当的模型简化，使其成为使用功能单一的建筑，简化后模型一梯两户，层高为 3.1 m，总建筑面积约为 1288.88 m^2。建筑内包含卧室（房间①、②、④、⑤、⑧和⑨）、厨房（房间⑩和⑪）、客厅（房间③和⑥）和楼梯通道（房间⑦），详细功能分区如图 3-7 所示。各层房间编号形式为楼层+房间号，如 1003 表示 10 层的③号房间（客厅）。

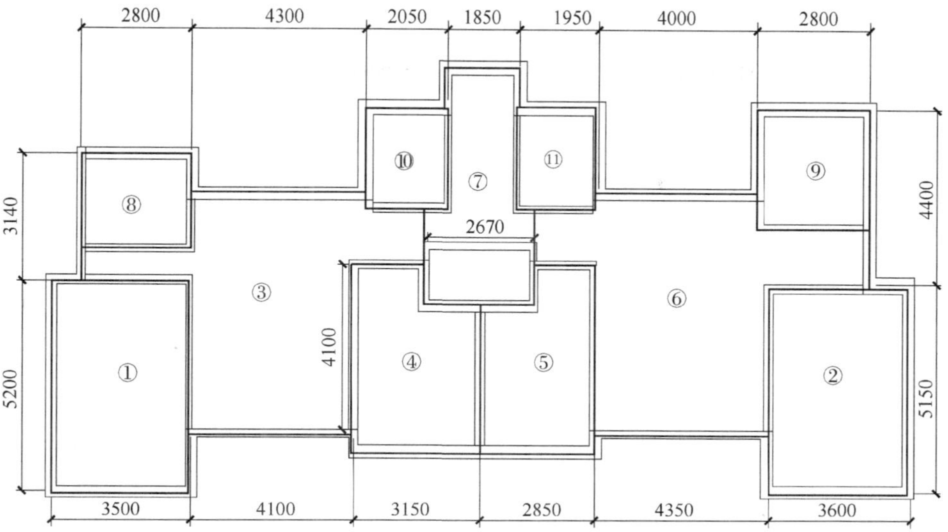

图 3-7　建筑功能分区平面图

图 3-7 彩图

在 Sketch Up 软件中建立研究模型，使用 Openstudio 插件对模型进行热工分区后的模型如图 3-8 所示。

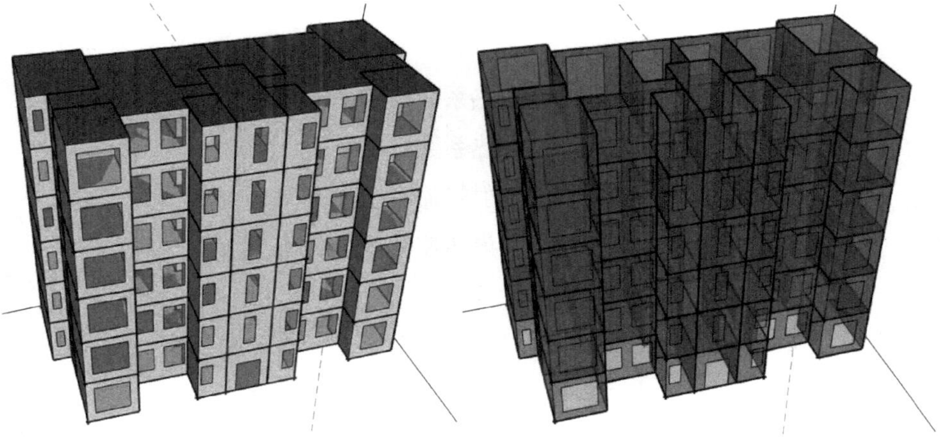

(a)　　(b)

图 3-8　建筑三维模型

(a) Sketch Up 建筑模型；(b) Openstudio 热工分区后的模型

图 3-8 彩图

3.3.3　数学模型的建立

3.3.3.1　外墙、屋顶和地板的数学描述

根据以上假设，外墙、屋顶和地板都可以按一维非稳态导热考虑，其控制方

程为：

$$\rho_j c_j \frac{\partial T_j}{\partial t} = \lambda_j \frac{\partial^2 T_j}{\partial x^2} \quad (j = 1,\ 2,\ \cdots,\ M) \tag{3-1}$$

式中 ρ_j——第 j 层材料的密度，kg/m^3；

c_j——第 j 层材料的比热，J/(kg · K)；

λ_j——第 j 层材料的导热系数，W/(m · K)；

x——墙体、屋顶和地板厚度方向坐标，m；

t——时间，s；

T_j——温度,℃。

3.3.3.2　外窗数学描述

外窗玻璃的热平衡方程如下：

$$\rho_{win} c_{p,win} L_{win} \frac{dT_{win}}{dt} = q_{r,out,win} + h_{out,win}(T_{out} - T_{win}) + h_{in,win}(T_{in} - T_{win}) + q_{r,in,win} \tag{3-2}$$

式中 ρ_{win}——窗玻璃的密度，kg/m^3；

$c_{p,win}$——窗玻璃的比热，J/(kg · K)；

L_{win}——窗玻璃的厚度，m；

$h_{out,win}$——窗玻璃外表面的对流换热系数，$W/(m^2 \cdot K)$；

$h_{in,win}$——窗玻璃内表面的对流换热系数，$W/(m^2 \cdot K)$；

$q_{r,out,win}$——窗玻璃外表面吸收的辐射热流密度，W/m^2；

$q_{r,in,win}$——窗玻璃内表面吸收的辐射热流密度，W/m^2；

T_{win}——窗玻璃的温度,℃；

T_{out}——室外温度,℃；

T_{in}——室内温度,℃。

3.3.3.3　室内空气数学描述

本书研究不考虑内热源，室内空气的热平衡方程如下：

$$\rho_a c_{p,a} V_R \frac{dT_{in}}{dt} = \sum_{i=1}^{7} Q_{b,i} + Q_{ACH} \tag{3-3}$$

$$\rho_a c_{p,a} V_R \frac{dT_{in}}{dt} = \sum_{i=1}^{n} Q_{b,i} + Q_{ACH} + Q_D \tag{3-4}$$

式中 ρ_a——空气的密度，kg/m^3；

$c_{p,a}$——空气的比热，J/(kg · K)；

V_R——室内空气的体积，m^3；

$Q_{b,i}$——各内表面与室内空气对流换热量，W；

$i=1，2，\cdots$——屋顶、地板、东墙、南墙、西墙、北墙和窗户；

Q_{ACH}——室内外通风换热量，W；

Q_D——其他热源或热损失，W。

各内表面与室内空气的换热量 $Q_{b,i}$ 可由下式计算：

$$Q_{b,i} = h_{in,i} \times (T_{b,i} - T_{in}) \times A_i \tag{3-5}$$

式中 $T_{b,i}$——第 i 个内表面的温度,℃；

A_i——第 i 个内表面的面积，m^2；

$h_{in,i}$——第 i 个内表面的对流换热系数，W/(m^2 · K)。

室内外通风换热量 Q_{ACH} 可由下式计算：

$$Q_{ACH} = \rho_a c_{p,a} V_R \cdot ACH(T_{out} - T_{in})/3600 \tag{3-6}$$

式中 ACH——通风换气次数，次/h。

3.3.3.4 建筑动态热工性能参数

A 建筑物能耗

空调能耗：

$$Q_C = \int_{D_{sum}} \sum_{i=1}^{7} h_{in,i}(T_{b,i} - T_H) \times A_i + \rho_a c_{p,a} V_R \cdot ACH(T_{out} - T_H)/3600 \tag{3-7}$$

采暖能耗：

$$Q_H = \int_{D_{win}} \sum_{i=1}^{7} h_{in,i}(T_L - T_{b,i}) \times A_i + \rho_a c_{p,a} V_R \cdot ACH(T_L - T_{out})/3600 \tag{3-8}$$

式中 Q_C——夏季空调能耗，J；

Q_H——冬季采暖能耗，J；

T_H——夏季空调室内设定温度，26 ℃；

T_L——冬季采暖室内设定温度，18 ℃；

D_{sum}——空调期小时数，h；

D_{win}——采暖期小时数，h。

B 热舒适度

合理的被动房设计策略应该以实现冬季和夏季室内热平衡为目标。这意味着在冬季，建筑需要最大限度地吸收和保留太阳能热量；在夏季建筑则需要最小化太阳辐射和热传递[77]。

PMV（Predicted Mean Vote）是一种常用于评估人体舒适度的指标，通过考虑环境参数如温度、湿度、气流速度等因素，预测人们对环境的感知评价。其计算公式如下：

$$\begin{aligned}\mathrm{PMV} = &(0.303 \times e^{-0.036M} + 0.028)\{M - W - 3.05 \times 10^{-3}[5377 - \\ &6.99(M - W) - p_a] - 0.42[(M - W) - 58.15] - 1.7 \times 10^{-5}M(5867 - \\ &p_a) - 0.0014M(34 - t_a) - 3.96 \times 10^{-8}f_{cl}[(t_{cl} + 273)^4 - \\ &(t_s + 273)^4] - f_{cl}h_c(t_{cl} - t_a)\}\end{aligned} \tag{3-9}$$

式中 M——新陈代谢率，W/s；

W——人体做功率，W/s；

p_a——环境空气中水蒸气分压力，Pa；

t_a——空气温度，℃；

f_{cl}——穿衣人体与表面积之比；

t_s——平均辐射温度，℃；

t_{cl}——穿衣人体外表面平均温度，℃；

h_c——对热流交换系数，W/(m² · K)。

PMV 值的范围从−3～+3，数值越接近 0 表示舒适度越高，正值表示感觉热，负值表示感觉冷。通过计算 PMV 值，可以评估人们在给定环境条件下的舒适程度，有助于优化室内环境设计。根据文献［78］的推荐，当 PMV ∈ (−0.5, +0.5) 时，此时人体热舒适状态最佳。PMV 值热感觉标尺见表 3-5。

表 3-5　PMV 值热感觉舒适度评估标尺表

PMV 值	−3	−2	−1	0	1	2	3
热感觉	寒冷过度	寒冷	有点冷	舒适	有些温暖	温暖	温暖过度

C　相对节能率

相对节能率是一个用于衡量在一定时期内，通过采取节能措施或技术改进等，相较于某个基准状态实现的能源节约程度的相对指标。

相对节能率应按照以下公式计算：

$$相对节能率 = \left(1 - \frac{设计建筑能耗}{基准建筑能耗}\right) \times 100\% \tag{3-10}$$

3.3.4　参数设置

3.3.4.1　围护结构设置

本案例项目原设计方案见表 3-6。

表 3-6 设计建筑围护结构描述

围护结构	结构描述
屋面	细石混凝土（内配筋）（40.0 mm）+XPS 挤塑聚苯板（200.0 mm）+水泥砂浆（20.0 mm）+炉渣（40.0 mm）+预制钢筋混凝土板（120.0 mm）+水泥砂浆（10.0 mm）
外墙	水泥砂浆（20.0 mm）+石墨聚苯板（150.0 mm）+预制钢筋混凝土板（120.0 mm）+水泥砂浆（20.0 mm）
外窗	130B 内开铝木复合窗(5Low-E+16Ar+5Low-E)中空玻璃，传热系数 0.8 W/(m^2·K)，玻璃太阳得热系数 0.55
内墙	水泥砂浆（20.0 mm）+预制钢筋混凝土板（100.0 mm）+水泥砂浆（20.0 mm）
楼板	软木板（密度 300 kg/m^3）（20.0 mm）+水泥砂浆（20.0 mm）+EPS 膨胀聚苯板（40.0 mm）+现浇钢筋混凝土叠合层（60.0 mm）+钢筋桁架预制底板（60.0 mm）+水泥砂浆（20.0 mm）

建筑材料的热物性参数是实现热传导、传热和热容量计算的基础，本书需用到建筑材料的热物性参数见表 3-7。

表 3-7 建筑材料的热物性参数

材　料	λ/[W·(m·K)$^{-1}$]	p/(kg·m^{-3})	c_p/[J·(kg·K)$^{-1}$]
细石混凝土（内配筋）	1.51	2300	920
水泥砂浆	0.93	1800	1050
炉渣	0.26	900	920
预制钢筋混凝土板[79]	1.547	2500	920
现浇钢筋混凝土板	1.74	2500	920
软木板（密度 300 kg/m^3）	0.093	300	1890
轻集料混凝土	0.84	1600	1050
石灰砂浆	0.81	1600	1050
SBS 防水卷材	0.23	900	1620
岩棉板	0.041	160	1220

续表 3-7

材　料	λ/[W·(m·K)$^{-1}$]	p/(kg·m^{-3})	c_p/[J·(kg·K)$^{-1}$]
聚氨酯	0.024	35	1380
挤塑聚苯板	0.03	35	1380
石墨聚苯板	0.032	35	1500
膨胀聚苯板	0.039	20	1380
真空绝热板	0.008	275	1280

3.3.4.2　室内参数设置

在实际使用中，室内空间往往存在各种人员活动、设备运行、照明等因素，这些都会影响热量产生。为了更准确地模拟实际使用情况下的室内环境，需进行室内参数设置。根据《夏热冬冷地区被动式居住建筑技术指南》（T/CABEE 005—2021）[77]和《近零能耗建筑技术标准》（GB/T 51350—2019）[17]进行见表 3-8 参数设置。

表 3-8　不同类型房间参数设置

房间类型	设备功率密度/(W·m^{-2})	照明功率密度/(W·m^{-2})	人员数量	运 行 时 间
客厅	5	6	4	工作日 18:00~24:00 周末 12:00~23:00
卧室	6	6	4	工作日 21:00~6:00 周末 23:00~次日 8:00
厨房	24	6	1	11:00~12:00 16:00~17:00

注：1. 供暖和空调系统运行参数：夏季 26 ℃，冬季 20 ℃；
2. 换气次数：1 次/h。

3.3.5　模型验证

为了确保模拟结果的准确性，需要对模型进行验证。在验证过程中，使用实测气象数据作为模拟的边界条件，并将其输入到 EnergyPlus 软件中进行模拟。本书将该建筑作为测试对象，在夏季和冬季分别选取 48 h 的室内外温度进行测试，测试日期为 2022 年 7 月 8—9 日和 2023 年 1 月 4—5 日，分别从第一天的 0:00 开始至第二天的 24:00 为止。通过与实测值进行对比，绘制图表来显示模拟值，并计算与实测值之间的差异。从图 3-9 和图 3-10 中可以清楚地看出，模拟值与实测值之间的变化趋势一致，夏季最大相对误差约 6.64%、冬季最大相对误差约为 9.6%，模拟结果与实际情况基本吻合，这充分证明了 EnergyPlus 软件和模型模拟结果的准确性。因此，该模型具有一定的准确性和可靠性。

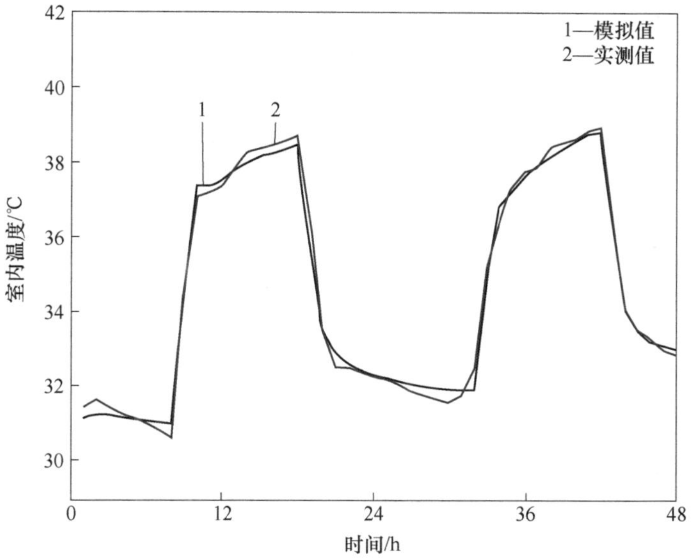

图 3-9 彩图

图 3-9 夏季室内温度对比

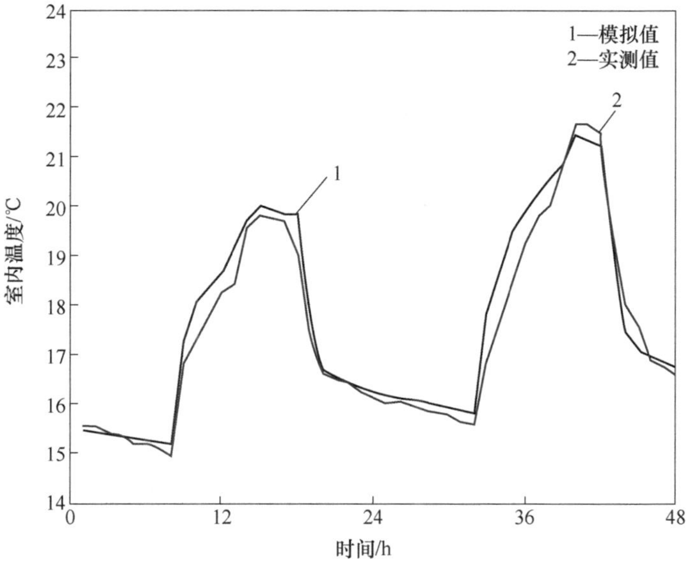

图 3-10 彩图

图 3-10 冬季室内温度对比

4 装配式被动房的动态热工性能影响机理研究

装配式被动房动态热工性能的影响因素主要分为被动因素与主动因素，被动因素有建筑朝向、窗墙比、遮阳方式、内部空间格局、围护结构构造及其气密性等，主动因素有遮阳控制策略、窗户开关智能控制方式、热回收系统参数及控制和空调系统参数及控制等。本章对夏热冬冷地区装配式被动房的动态热工性能进行研究，剖析不同因素对动态热工性能的影响机理。

4.1 仿真模型参数设置

将 Sketch Up 建立的模型导出为 IDF 文件，再将 IDF 文件导入 EP-Launch 中进行基本参数及条件参数的输入进行模拟，其主要的设置如下。

（1）在 EnergyPlus 官网下载成都市典型气象年天气文件“CHN_Sichuan. Chengdu. 562940_CSWD. epw”，该文件包含了成都市全年按小时记录的天气状况，如时间（年、月、日和时），及该时间对应的风速、风向、温度、黑球温度、干球温度、湿度、太阳辐射、太阳垂直辐射、太阳水平辐射和黑球温度等。在天气文件中，可以根据现场实测进行数据更改和添加，用于校验模型参数设置。最后将天气文件及 IDF 文件导入 EP-Launch 中进入主界面，主界面窗口如图 4-1 所示，图中 a 为 IDF 文件导入区、b 为天气文件导入区，c 为模拟结果快速查阅区。

（2）在 EP Launch 中可以进行基本参数和条件参数的输入，基本参数包含版本、建筑信息、室内地面对流算法、室外地面对流算法、加热平衡、区域空气热平衡算法、区域空气污染物平衡、每小时计算次数、坐标、设计日、运行周期和地表温度等。依次设置：“Version Identifier”为“8. 7”；“Building”为“成都市建筑”；“Surface Convection Algorithm：Inside”为“TARP”；“Surface Convection Algorithm：Outside”为“DOE-2”；“Heat Blance Algonrithm”中的算法选择“Conduction Transfer Function”，表面温度上限设为 200 ℃，表面换热系数范围为 0. 1 ~ 1000 $W/(m^2 \cdot K)$；“Zone Air Heat Balance Algorithm”为“Analytical Solution”；“Timestep”设为“6”；“Site：Location”根据成都坐标输入；“Sizing Period：Design Day”选择“1 月 21 日”和“7 月 21 日”；“Run Period”设为“1 月 1 日到 12 月 31 日”；“Site：Ground Temperature：Building Surface”设置如图 4-2 所示。

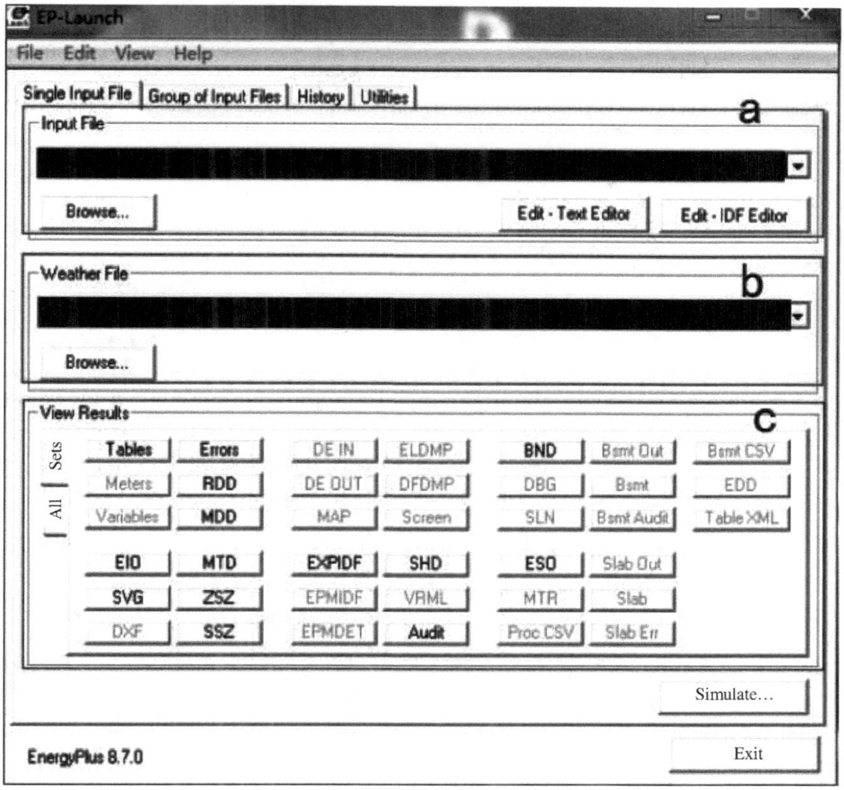

图 4-1　EP-Launch 的主界面

文件（File）；编辑（Edit）；查看（View）；帮助（Help）；单个输入文件（Single Input File）；输入文件组（Group of Input Files）；历史记录（History）；实用工具（Utilities）。

区域 a

输入文件（Input File）；浏览（Browse...）；文本编辑器（Edit-Text Editor）；IDF 编辑器（Edit-IDF Editor）。

区域 b

气象文件（Weather File）；浏览（Browse...）。

区域 c

查看结果（View Results）；设置（Sets）；全部（All）；表格（Tables）；错误（Errors）；设计输入（DE IN）；能量转储（ELDMP）；边界（BND）；建筑输出（Bsmt Out）；建筑 CSV（Bsmt CSV）；计量（Meters）；需求响应数据（RDD）；设计输出（DE OUT）；需求响应数据转储（DFDMP）；调试（DBG）；建筑输出审核（Bsmt Audit）；电子数据字典（EDD）；变量（Variables）；模型数据字典（MDD）；地图（MAP）；屏幕（Screen）；解决方案（SLN）；电子表格输出（ESO）；平板输出（Slab Out）；能源输入输出（EIO）；模型转换数据（MTD）；扩展 IDF（EXPIDF）；阴影（SHD）；模型转换（MTR）；过程 CSV（Proc CSV）；平板错误（Slab Er）；SVG（SVG）；区域大小（ZSZ）；能源管理平台 IDF（EPMIDF）；虚拟现实建模语言（VRML）；DXF（DXF）；子系统大小（SSZ）；能源管理平台检测（EPMDET）；审核（Audit）；模拟（Simulate...）；退出（Exit）。

Field	Units	Obj1
January Ground Temperature	℃	20.03
February Ground Temperature	℃	20.03
March Ground Temperature	℃	20.13
April Ground Temperature	℃	20.3
May Ground Temperature	℃	20.43
June Ground Temperature	℃	20.52
July Ground Temperature	℃	20.62
August Ground Temperature	℃	20.77
September Ground Temperature	℃	20.78
October Ground Temperature	℃	20.55
November Ground Temperature	℃	20.44
December Ground Temperature	℃	20.2

图 4-2　每月地温参数设置

字段（Field）；1 月地面温度（January Ground Temperature）；2 月地面温度（February Ground Temperature）；3 月地面温度（March Ground Temperature）；4 月地面温度（April Ground Temperature）；5 月地面温度（May Ground Temperature）；6 月地面温度（June Ground Temperature）；7 月地面温度（July Ground Temperature）；8 月地面温度（August Ground Temperature）；9 月地面温度（September Ground Temperature）；10 月地面温度（October Ground Temperature）；11 月地面温度（November Ground Temperature）；12 月地面温度（December Ground Temperature）；单位（Units）；摄氏度（℃）；对象 1（Obj1）。

（3）主要条件参数设置如下。

模拟控制（Simulation Control）：主要控制模块的开启关闭。

控制方式（Schedule：Compact）：可以设置多种条件的控制方式，主要用于需要特定条件运行、输出控制。

材料（Material）：建筑模型用到的材料及具体参数，根据结构构造，主要用到的材料及参数见表 4-1。

表 4-1　所需材料及参数

材　料	炉渣	水泥砂浆	预制钢筋混凝土板	钢筋混凝土	石墨聚苯板	加气混凝土砌块	挤塑聚苯板	轻集料混凝土	细石混凝土（内配筋）	软木板
导热系数 /[W·(m·K)$^{-1}$]	0.260	0.930	1.547	1.740	0.032	0.190	0.030	0.84	1.74	0.093
密度 /(kg·m^{-3})	900	1800	2500	2500	22	1800	30	1600	2300	300

续表 4-1

材　料	炉渣	水泥砂浆	预制钢筋混凝土板	钢筋混凝土	石墨聚苯板	加气混凝土砌块	挤塑聚苯板	轻集料混凝土	细石混凝土（内配筋）	软木板
比热容 /[J·(kg·K)$^{-1}$]	920	1050	920	920	1500	316.3	1380	1050	920	1890

结构（Construction）：主要描述围护结构构造及其相应材料的厚度。

房间集（Zone List）：将房间属性相同或想要输出的房间归纳成一个房间集，并命名，便于后期对房间实施控制和数据输出。

热扰：分为人、照明、设备对房间的扰动，其中主要影响因素是人的活动水平、服装的热阻系数，分别根据成都市的穿衣习惯设置控制。再者照明对室内热平衡的影响也不容易忽视，主要影响因素是照明器具的功率。机械设备的影响可以忽略不计，不做要求。

空气渗透（Zone In filtration：Design Flow Rate）：主要控制房间自然空气的渗透，以每小时换气次数作为条件。

空调参数设置：可以通过设置具体时间计算温度，也可以直接设置固定温度用于控制空调开关时间，还有空调制冷制热时的功率等。

通风参数设置：风机的风压、风量以及其他。

4.2　建筑朝向对装配式被动房动态热工性能的影响

4.2.1　建筑朝向的决定因素

适宜的朝向能够使建筑内冬暖夏凉、拥有良好的采光、宜人的窗外风景。建筑的朝向主要由采光和通风两个因素决定，除此之外还应该考虑避光、避风、美观、前方风景、视野和交通等。

4.2.2　建筑朝向对采光及采光能耗的影响

为了便于研究建筑朝向对采光及采光能耗的影响，朝向对该栋建筑采光及采光能耗在不同楼层、同楼层不同房间的变化，选取该栋建筑经常活动的客厅作为研究对象。

首先以房间 1003 为研究对象，在房间内布置感光点和照度分布图，研究建筑朝向对采光及采光能耗的影响。中华人民共和国国家标准《建筑照明设计标准》（GB 50034—2013）规定的新建、改建和扩建的居住、公共和工业建筑的一般照度标准值，见表 4-2。

表 4-2　建筑的一般照度标准

房间（场所）	参考平面及其高度	照度标准值/lx
居住建筑起居室（一般活动）	0.75 m，水平面	100
居住建筑起居室（书写阅读）	0.75 m，水平面	300（宜用混合照明）
居住建筑餐厅	0.75 m，餐桌面	150
图书馆一般阅览室	0.75 m，水平面	300
办公建筑普通办公室	0.75 m，水平面	300
一般超市营业厅	0.75 m，水平面	300
医院候诊室、挂号厅	0.75 m，水平面	200
学校教室	课桌面	300
学校教室黑板	黑板面	500
公用场所普通走廊、流动区域	地面	50
公用场所自动扶梯	地面	50
工业建筑机械加工粗加工	0.75 m，水平面	200
工业建筑机械加工一般加工公差≥0.1 mm	0.75 m，水平面	300（应另加局部照明）
工业建筑机械加工精密加工公差<0.1 mm	0.75 m，水平面	500（应另加局部照明）

由表 4-2 看出，应将照度分布图设置到离楼板 0.75 m 的水平面上。在房间 1003 中布置照度分布图及感光点，照度分布图布满整个房间，如图 4-3（a）所

示。感光点分别布置在两侧窗户中央离餐桌、沙发的最近点，共布置两个感光点，感光点具体位置如图 4-3（b）所示（左边矩形为沙发边界线，右边矩形为餐桌边界线）。感光点主要作用是检测室外自然光照，控制室内灯光的开关，其控制优先级高于灯光设置开关时间控制。这样便可得到在不同朝向下自然采光作用最好的方向，其表示方式为照明能耗的节约百分数。

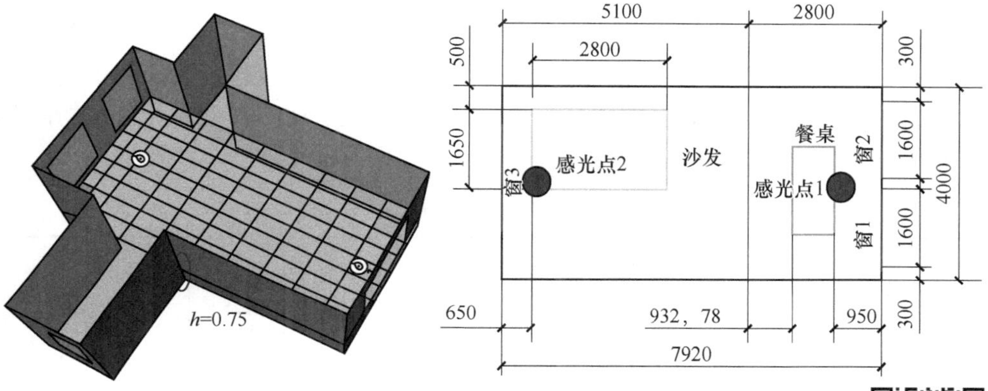

(a) (b)

图 4-3 布置情况图
（a）照度分布图布置；（b）感光点布置

图 4-3 彩图

在开始模拟前，先进行基本设置。将“Daylighting Controls”对象的“Fraction of Zone Controlled by First Reference Point 和 Fraction of Zone Controlled by Second Reference Point”的值均改为“0.4（80%受控制）”，其他值不变。将“Lights”对象的“Fraction Replaceable”选项的值改为“0.8”，用于设定人工照明可被自然光代替的比例。将“Building”对象的“Solar Distribution”设定为“Fullnterior and Exterior”。对于住宅的人员在室内时间，按照成都市生活习惯，设置为早上 8:00 到晚上 11:00 活动区域为客厅，其余为睡眠时间，活动区域为卧室。公共区域（楼道、电梯、厕所）活动时长较少，不作为活动区域。

在没有设置采光点的情况下，设置客厅照明功率为 1.25 W/m^2。在按照表 4-3 方位改变建筑朝向时，客厅 1003 的采光能耗并没有变化，均为 128.64 kW · h。当加入采光控制点时，不同建筑方向的能耗发生了变化，具体变化见表 4-3。

表 4-3 各不同方位能耗统计表

编　号	1	2	3	4	5	6	7	8
方位（North Axis)/(°)	0	45	90	135	180	225	270	315

续表 4-3

编　　号	1	2	3	4	5	6	7	8
无采光控制采光能耗/(kW · h)	128. 64	128. 64	128. 64	128. 64	128. 64	128. 64	128. 64	128. 64
有采光控制采光能耗/(kW · h)	74. 93	74. 85	74. 81	74. 80	71. 55	74. 80	74. 78	74. 83
节约能耗/(kW · h)	53. 71	53. 79	53. 83	53. 84	57. 09	53. 84	53. 86	53. 81

由表 4-3 可知，在有自然光参与的作用下，白天客厅内部的采光能耗下降了接近一半，这也就意味着充分利用自然光可以有效地节约能耗，也说明了良好自然采光的重要性。为了更好地观察各建筑朝向对采光能耗的影响，计算各朝向的能耗节约百分数（见表 4-4），绘制节约能耗占比柱状图，如图 4-4 所示。

表 4-4　各朝向的能耗节约百分数

编　　号	1	2	3	4	5	6	7	8
方位（North Axis）/(°)	0	45	90	135	180	225	270	315
能耗节约/%	41. 752	41. 814	41. 845	41. 853	44. 380	41. 853	41. 869	41. 830

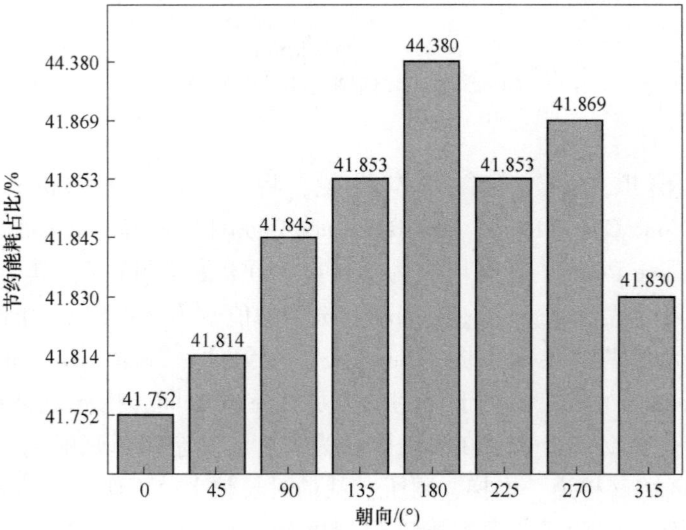

图 4-4　各建筑朝向下有自然光控制的节约能耗占比

由此可知，建筑朝向对建筑室内采光能耗的节约能耗占比从高到低依次为 180°>270°>135° = 225°>90°>315°>180°>45°>0°。因此在仅考虑采光能耗条件下，该建筑的参考朝向为 180°~270°，即南偏西 0°~90°。

以采光效果最好的建筑朝向（西方向）为例，以设计日（1 月 21 日）为参考日期，研究在自然光参与下（早上 9∶00 到晚上 7∶00）房间 1003 全天的照度分布，全天照度分布如图 4-5 所示。

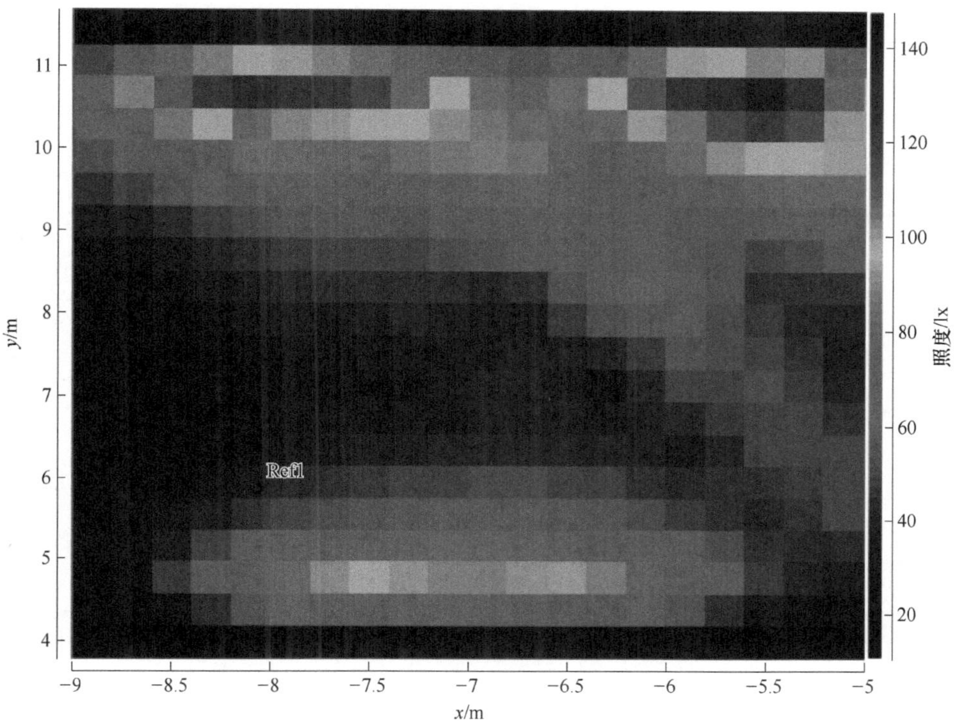

(a)

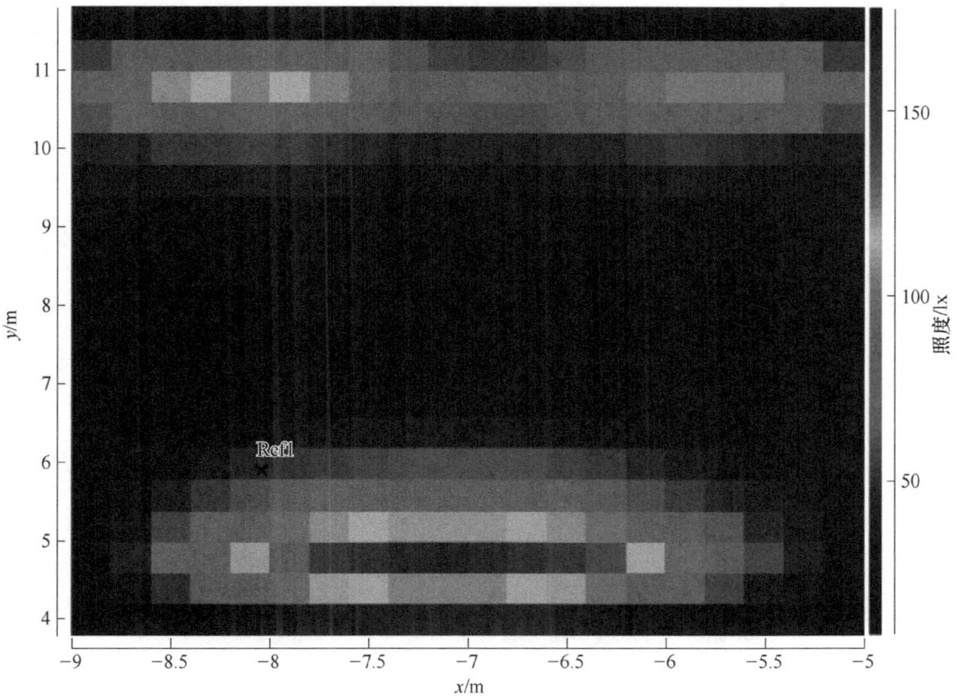

(b)

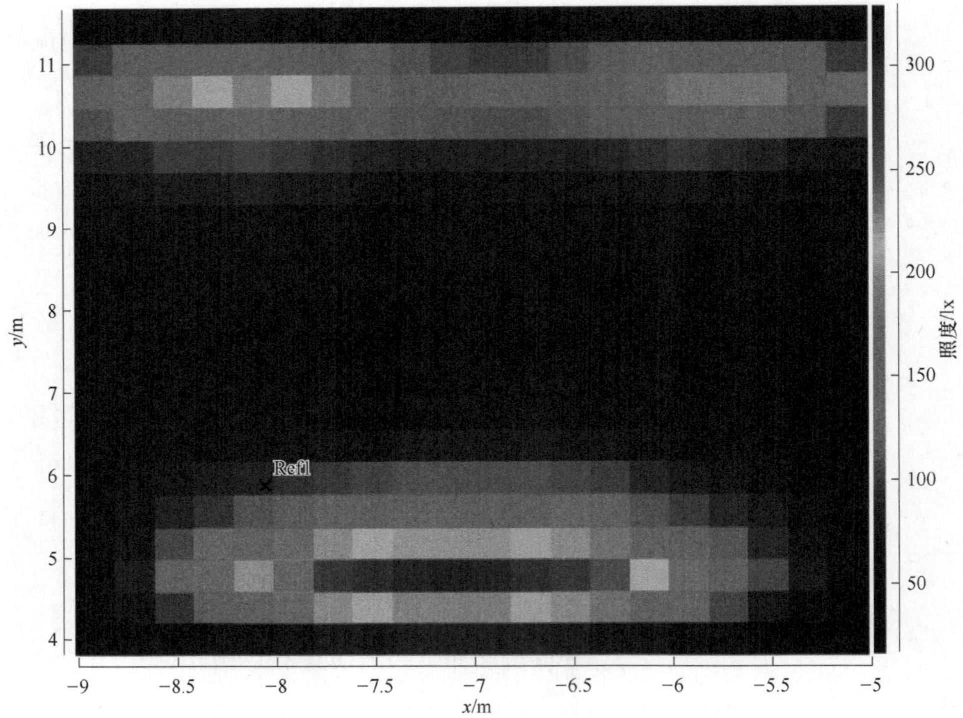
y/m
11
10
9
8
7
6
5
4
Refl
-9
-8.5
-8
-7.5
-7
-6.5
-6
-5.5
-5
x/m
300
250
200
150
100
50
照度/lx

(c)

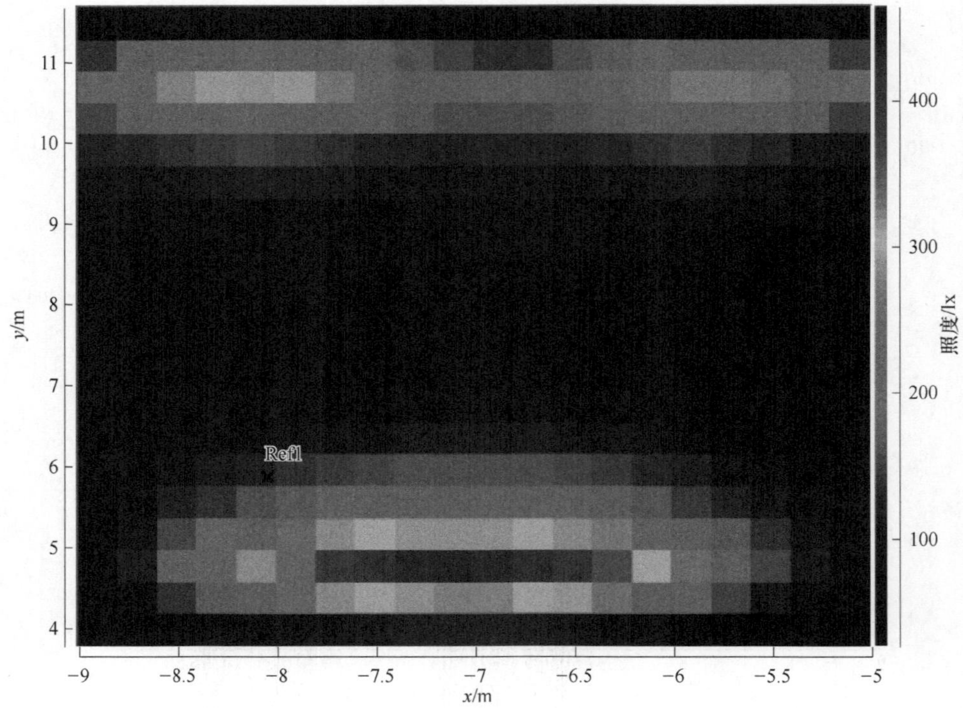
y/m
11
10
9
8
7
6
5
4
Refl
-9
-8.5
-8
-7.5
-7
-6.5
-6
-5.5
-5
x/m
400
300
200
100
照度/lx

(d)

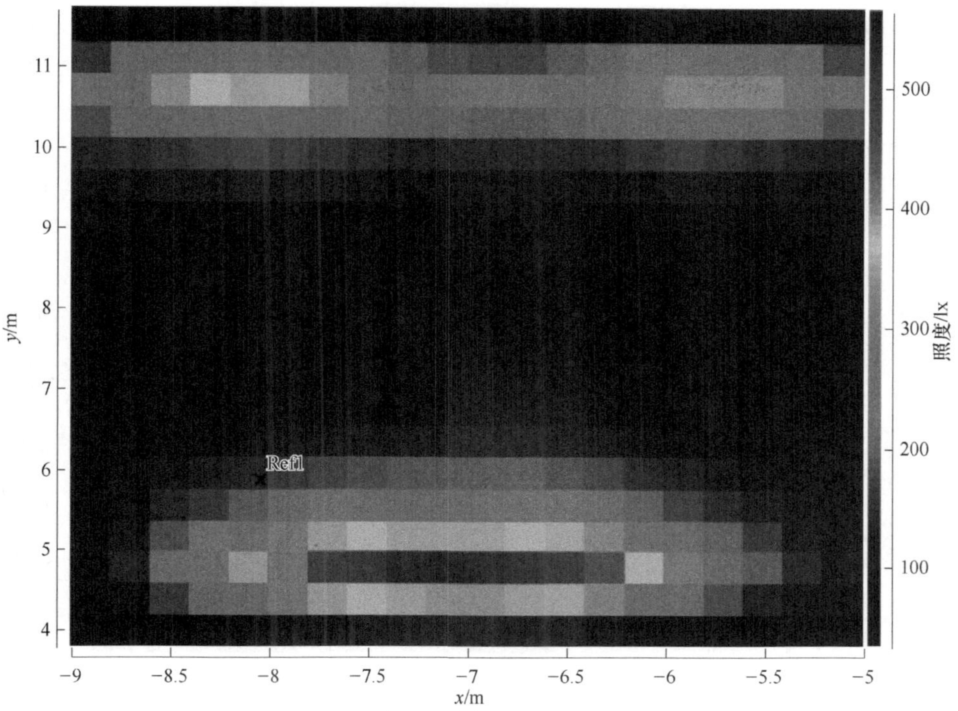

11
10
9
8
7
6
5
4
y/m
Ref1
-9
-8.5
-8
-7.5
-7
-6.5
-6
-5.5
-5
x/m
500
400
300
200
100
照度/lx

(e)

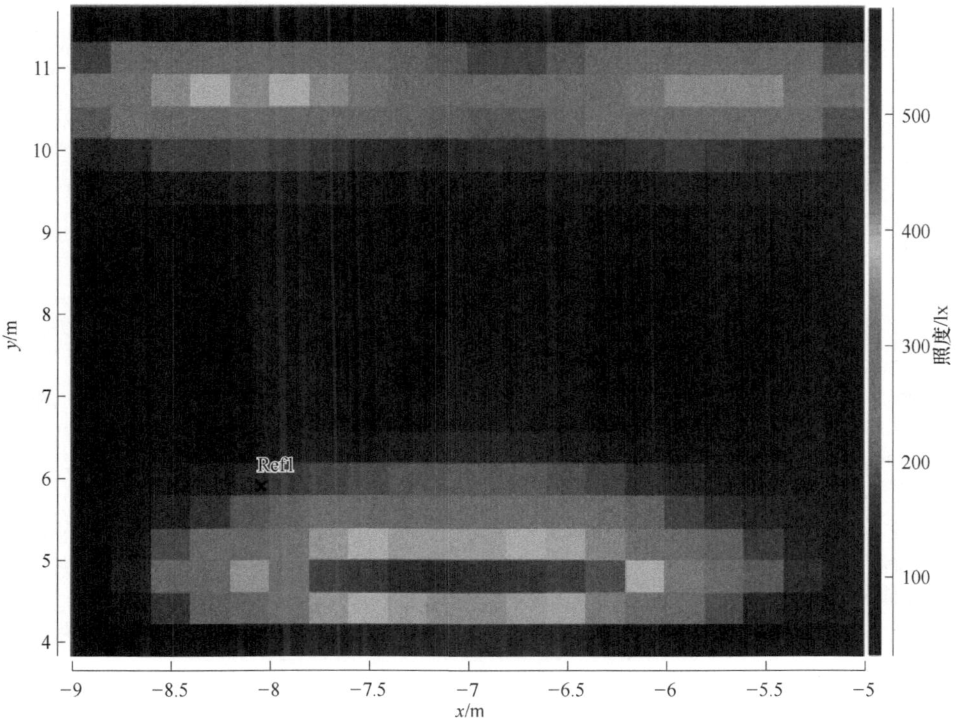

11
10
9
8
7
6
5
4
y/m
Ref1
-9
-8.5
-8
-7.5
-7
-6.5
-6
-5.5
-5
x/m
500
400
300
200
100
照度/lx

(f)

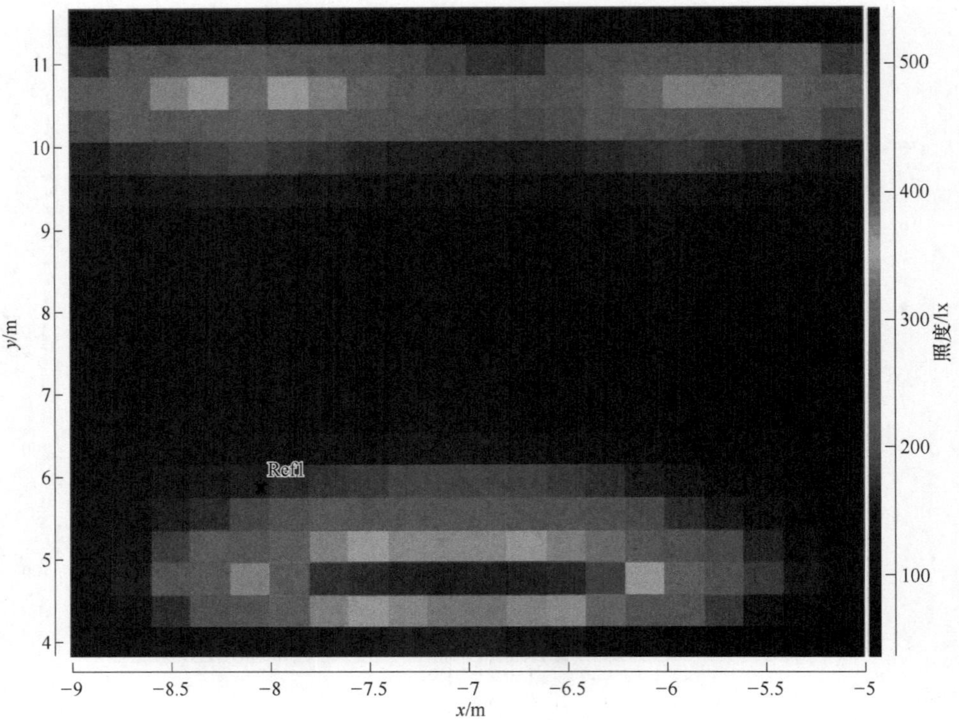
Ref1
y/m
x/m
照度/lx
11
10
9
8
7
6
5
4
−9
−8.5
−8
−7.5
−7
−6.5
−6
−5.5
−5
500
400
300
200
100
(g)

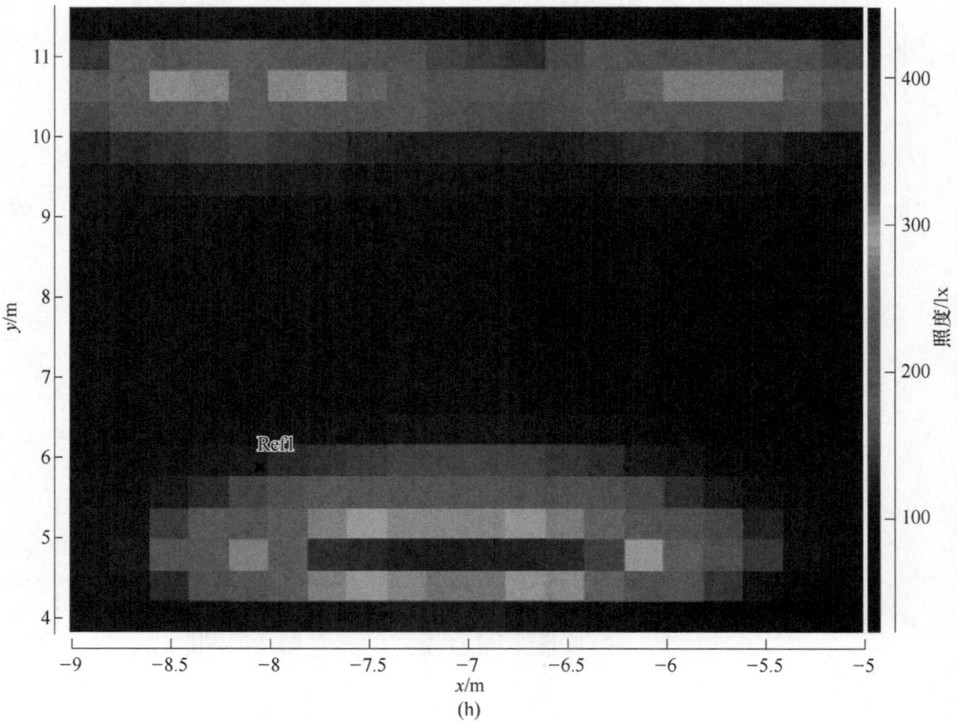
Ref1
y/m
x/m
照度/lx
11
10
9
8
7
6
5
4
−9
−8.5
−8
−7.5
−7
−6.5
−6
−5.5
−5
400
300
200
100
(h)

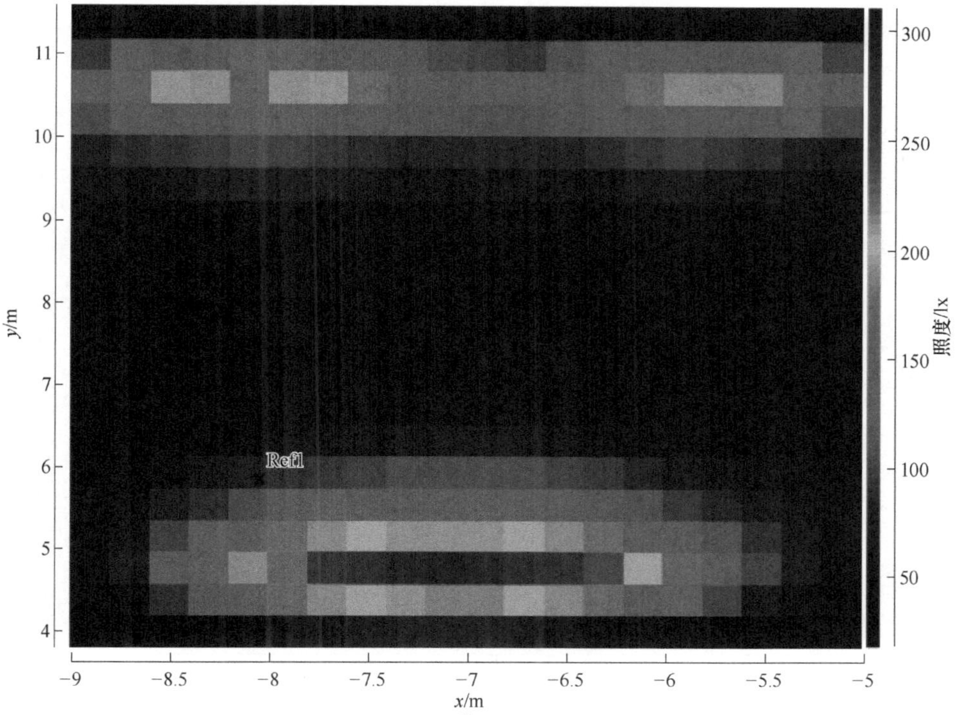
Ref1
y/m
x/m
照度/lx
300
250
200
150
100
50

(i)

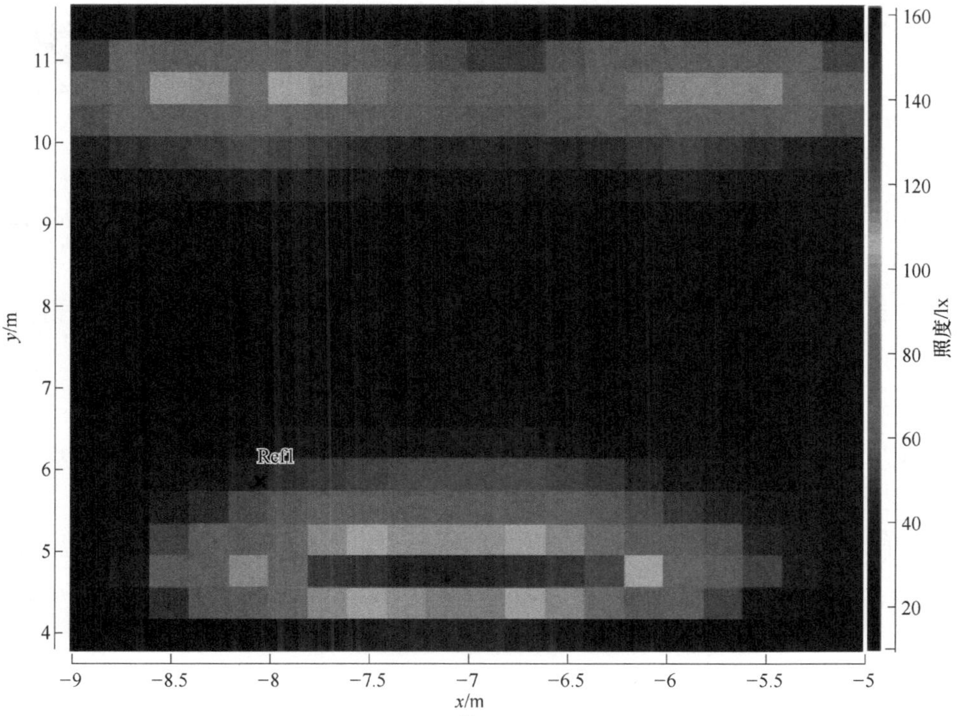
Ref1
y/m
x/m
照度/lx
160
140
120
100
80
60
40
20

(j)

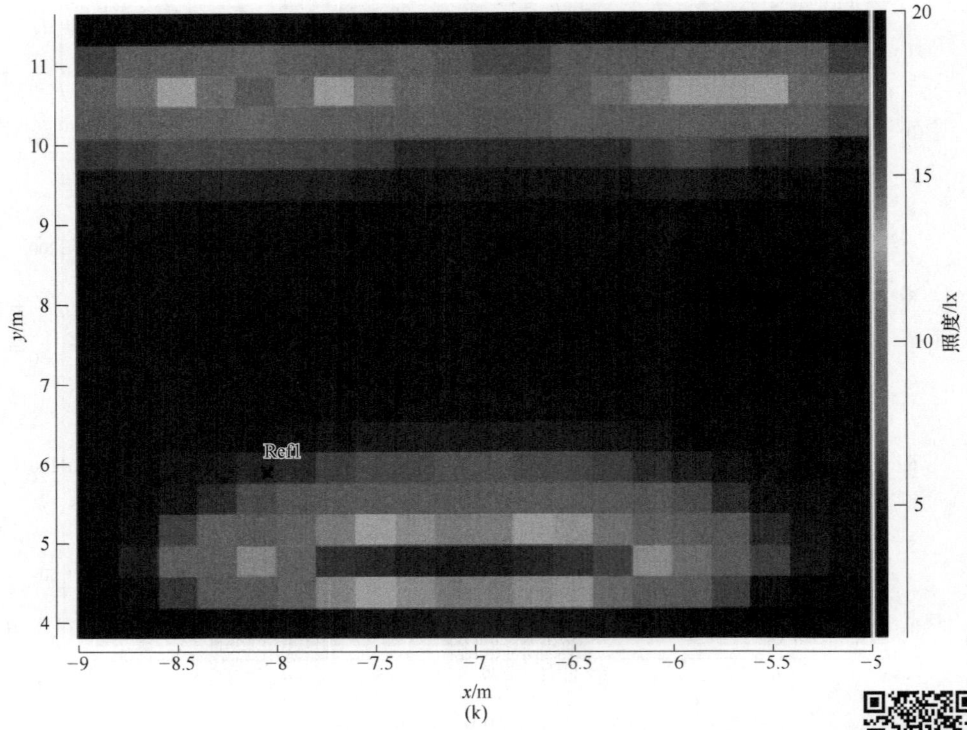

图 4-5　1 月 21 日房间 1003 室内全天逐时照度分布

(a) 09:00; (b) 10:00; (c) 11:00; (d) 12:00; (e) 13:00; (f) 14:00; (g) 15:00; (h) 16:00; (i) 17:00; (j) 18:00; (k) 19:00

图 4-5 彩图

由图 4-5 可知：

(1) 在早上 9:00，客厅方向两面窗的采光性明显优于沙发方向的窗户采光性，在 10:00~19:00 则相反。

(2) 室内照度都是以窗户中心为最高值，向两侧逐渐降低，且以两侧窗户向室内窗户中心减小。

(3) 同一时间窗户 1 的中心照度值高于窗户 2。

(4) 1 月 21 日房间 1003 室内照度最强的时间是 14:00，9:00~19:00 最强照度的变化如图 4-6 所示。

可以看出 1 月 21 日 19:00 光照度非常不理想，需要增加光源来满足视线；早上 9:00 光照度适合一般活动；早上 10:00 和 18:00 光照度适合一般活动和用餐亮度；其余 63.64%的时间光照度能够满足书写、阅读的要求。

以 1 月 21 日、7 月 21 日房间 1003 光照度最好的时间 14:00 为基准，改变建筑朝向，以此作为研究朝向对室内采光情况分析的典例。将照度分布图中坐标为

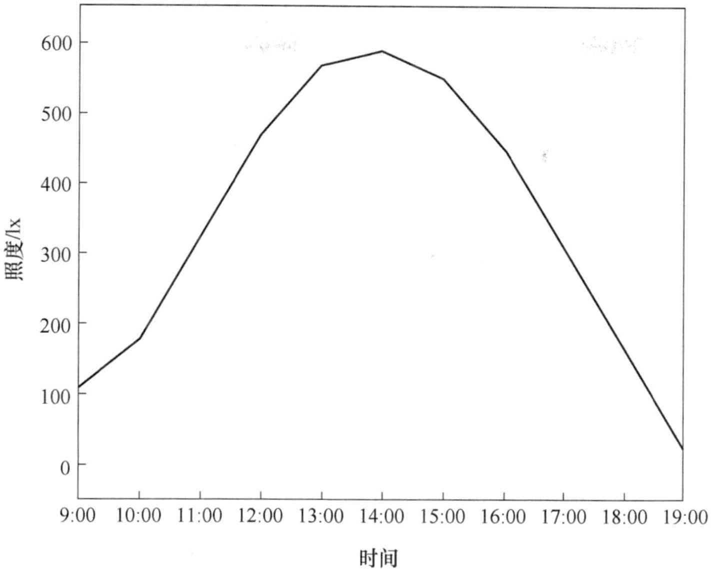

图 4-6 1 月 21 日最强照度的折线图

x=（-3.80，-1.98），y=（-5.58，-1.10）的照度进行比较，统计结果如图 4-7 与图 4-8 所示。

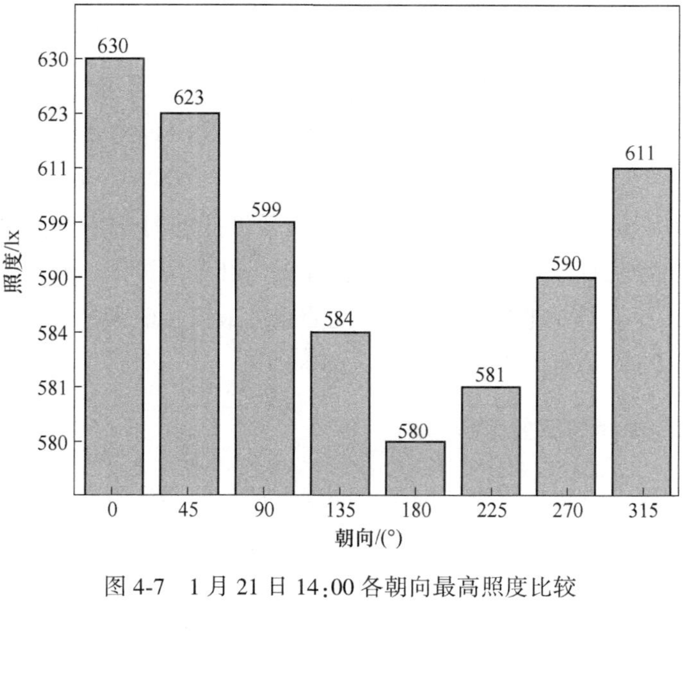

图 4-7 1 月 21 日 14:00 各朝向最高照度比较

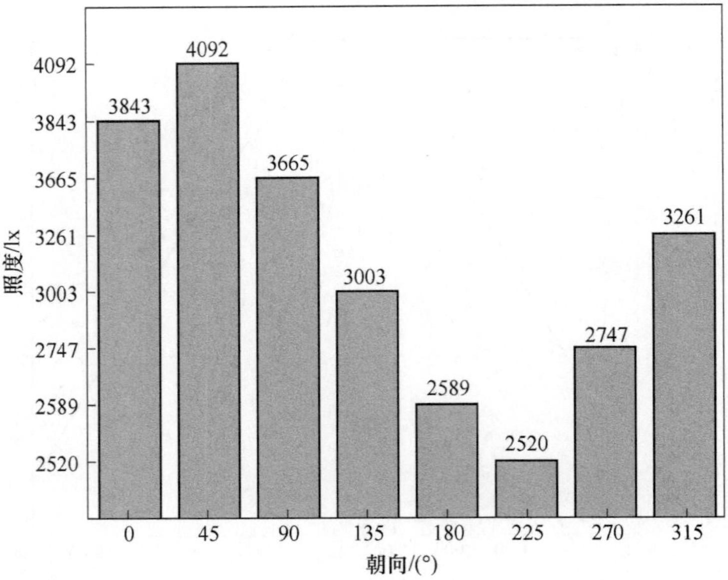

图 4-8 7 月 21 日 14:00 各朝向最高照度比较

通过图 4-7 可以明显地看出，冬季设计日各朝向的照度强弱顺序：0°>45°>315°>90°>270°>135°>225°>180°。通过图 4-8 可以看出，夏季设计日各朝向的照度强弱顺序：45°>0°>90°>315°>135°>270°>180°>225°。

综上所述，可以得出建筑朝向对建筑采光能耗有很大影响，其中建筑朝向为正西时采光能耗最低、北朝向采光能耗最高，因此建筑朝向较适方向大致范围为 180°~270°，即南偏北 0°~90°。此外，在同一年每天的最强光照时间都会变化，但是大致时间段都在 11:00~14:00，分布在 13:00 和 14:00 的天数占据了全年的 80%以上；在不同时间段，当建筑朝向在北偏东 0°~45°时，房间 1003 室内光照强度最大，但不是最适朝向。因为在光照强度最低的时候依然满足日常光照要求，太强的光照反而会形成光污染，还会让大量红外线进入，致使室内温度在夏季很高，造成不适。因此在夏季应选取光照强度最低且能满足日常光照要求的朝向，即 180°~225°（南偏西 0°~45°）。

4.2.3 建筑朝向对通风效果的影响

在不同地区，一年四季中风向是不断变化的，但是依然有主要变化范围。在风向主要变化范围内，建筑朝向与风向的夹角会影响建筑群落和建筑本身的通风效果。

首先考虑建筑群落的通风效果，然后再单独针对 7 号楼进行室内通风考虑，该小区的整体建筑分布如图 4-9 所示。

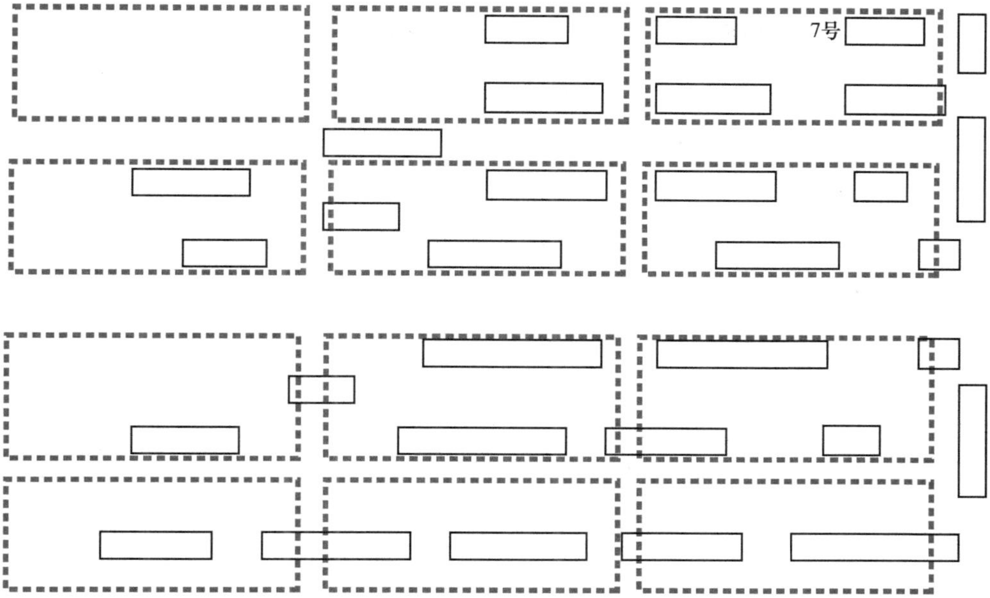

图 4-9 小区的整体建筑分布

从图 4-9 可以看出，该小区的建筑群落分布整体呈 3×4 方块布置。下面分析来流入射角对室外风场的影响，为了便于分析，以规整的 12 栋建筑群为例。建筑群落的气流分布会随着入射角变化而不断改变，当来流入射角与建筑成 30°或者 45°时，同排建筑间与进风方向第一列的建筑均会产生涡流，但是其紊乱程度较小；当入射角为 60°时，风能够顺畅地在建筑间流动；当入射角为 0°～60°时，不同规模涡流会在建筑后方形成。因此，从气流组织的角度看，来流入射角在 30°～45°时较好，如图 4-10 所示。

来流入射角还会影响风影区长度、室内风速、室内通风量，见表 4-5[80-81]。

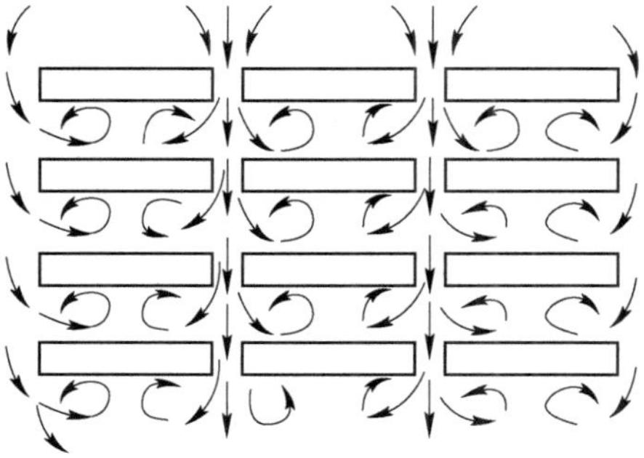

(a)

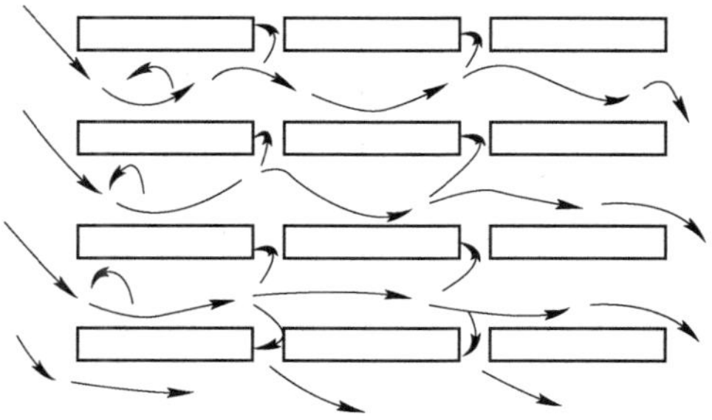

(b)

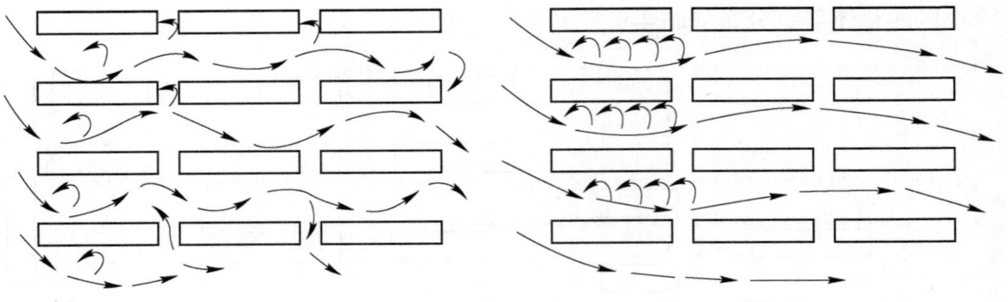

图 4-10　来流入射角对建筑群体气流组织的影响
（a）入射角为 0°；（b）入射角为 45°；（c）入射角为 30°；（d）入射角为 60°

表 4-5　来流入射角 α 对屋后风影区长度的影响

来流入射角 α/(°)	0	30	45	60
屋后风影区长度	3.75H	3H	1.5H	1.5H
室内风速衰减值/%	0	13	30	50
室内通风量衰减值/%	0	30	40	84

注：表中 H 指建筑高度。

由表 4-5 分析可知，当来流入射角超过 45°以后，屋后风影区的长度有明显的减少，室内的风速与室内通风量却显出明显的增加，因此来流入射角最合适的角度范围为 45°以下。

在实际情况中，自然界的风向是不固定的，全年中不同时间的风向会有较大的变化。比如风向在 1 月、7 月的变化十分明显，在这个特殊风向变化区域里，必须结合夏季和冬季的不同要求来通风或避风。

对现场 1 月、7 月室外的风向进行实测，将风向 0°~360°平均分为 8 个区，统计出该月 744 h 每个区风向出现的次数，测试结果见表 4-6。

表 4-6　1 月、7 月风向变化区域出现次数统计表

风向变化区域/(°)	0~45	45~90	90~135	135~180	180~225	225~270	270~315	315~360
风向变化区编号	1 区	2 区	3 区	4 区	5 区	6 区	7 区	8 区
1 月份出现次数/次	176	91	69	71	96	105	59	67
7 月份出现次数/次	122	96	88	108	110	84	67	69

变化区内每个区域风向出现次数的比率如图 4-11 所示。

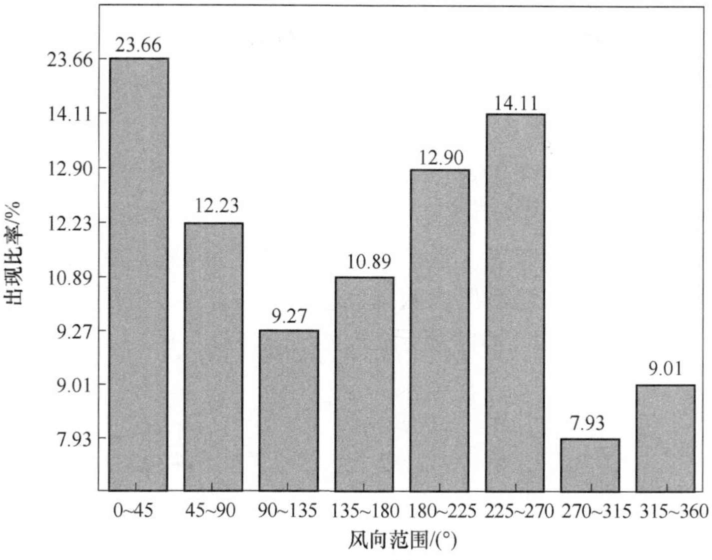

(a)

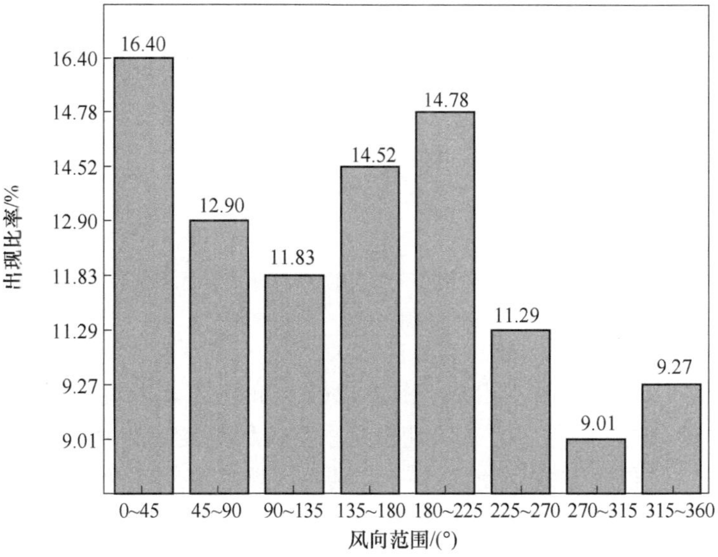

(b)

图 4-11 各风向变化区域风向次数出现比率

(a) 1 月份；(b) 7 月份

通过设计日所在月的风向统计可以看出，在 1 月时风向在 0°~45°区域较多，比例高达 23.66%，7 月主要风向在 0°~45°、135°~180°、180°~225°较多，比例分别为 16.40%、14.52%、14.78%。

据成都市气象局网站公布的《成都市常年各月风向、风速、降水气候资料》显示：成都市属于亚热带湿润季风气候区，常年最多风向是静风；次多风向 6—8 月为北风，其余各月为东北偏北风。

由此结合资料与实际测量数据对照，将风向季节变化区在夏季确定为 1 区和 5 区，冬季确定为 1 区和 2 区，见表 4-6。

该研究建筑热工分区编号③、⑥为窗户对开式客厅，①号为窗户邻开式房间卧室，②、④、⑤、⑧~⑪号为窗户单开式卧室和厨房，如图 3-7 所示。

对于对开式房间朝向布置，冬季风向入射角应为 45°~90°，使室内平均风速与室内通风量大大衰减，夏季风向入射角应为 0°~45°。由此窗户对开式客厅可选的布置有两种方式，如图 4-12 所示。

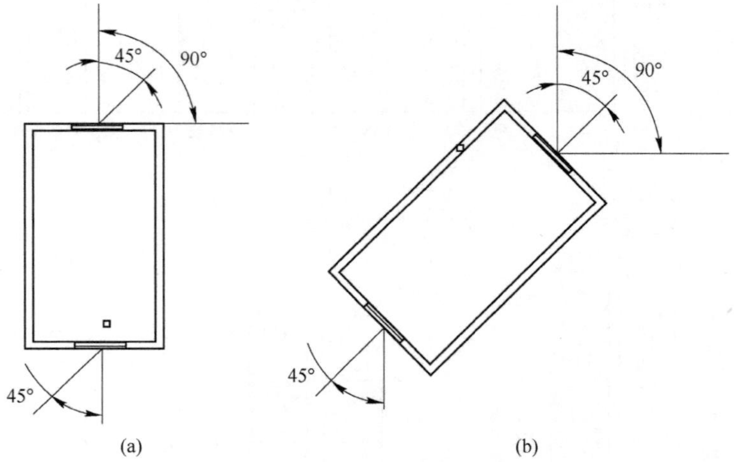

图 4-12　位于风向季节变化区窗户对开式客厅布置示意图

（a）南北向；（b）北偏东 45°

通过图 4-12 可以看出，相对于图 4-12(b）布置方式来说，图 4-12(a）布置方式更为合理。这两种布置方式均使得夏季室内保持良好的通风，但是对于冬季来说图 4-12(a）布置方式仅使冬季一半风向区域在有利于来流入射角范围，而图 4-12(b）布置方式则全部处于有利于来流入射角范围。所以两者比较，选择图 4-12(a）布置方式较为合理，房间窗户对开式客厅布置朝向为 0°~22. 5°或者 180°~202. 5°，即北偏东 0°~22. 5°或者南偏西 0°~22. 5°。

对于邻开式房间朝向布置，分为北西邻开式、南东邻开式、北东邻开式、南西邻开式。邻开式可有 8 种布置图，如图 4-13 所示。通过观察，尽可能在夏季使风向位于有利于来流入射角范围，而冬季避免冷风流入。图 4-13(c）和（d）布置方式是最好的，图 4-13(a）（b）（e）（f）布置方式次之，图 4-13(g）和（h）布置方式最不可取，由此可以看出北西邻开式最佳。

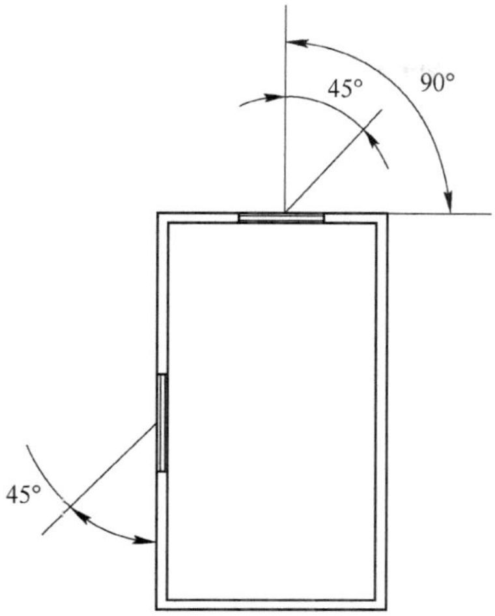

(a)

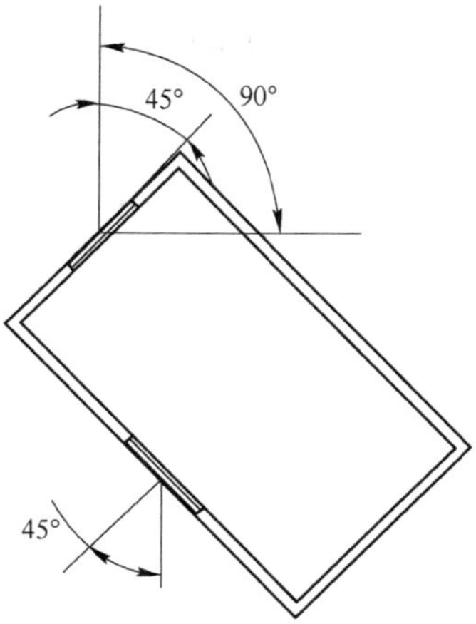

(b)

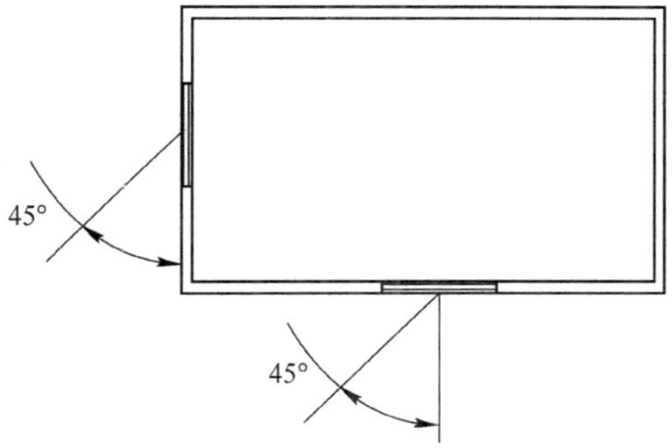

(c)

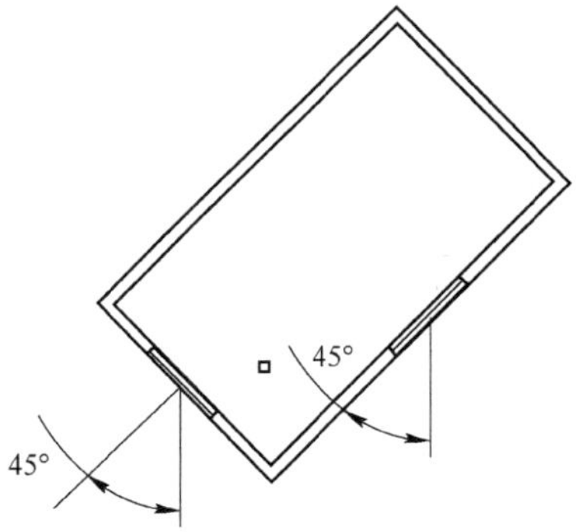

(d)

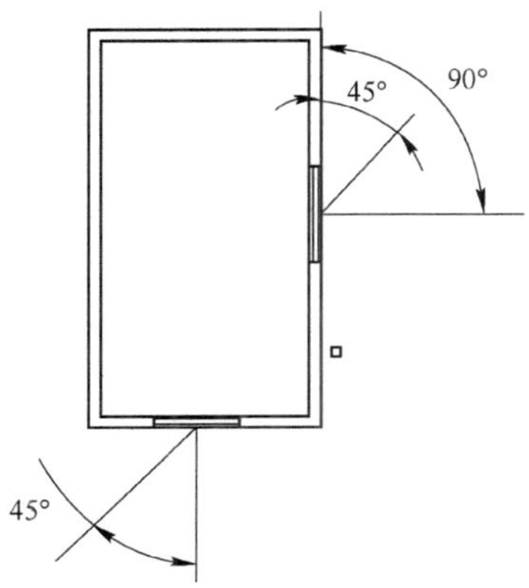

(e)

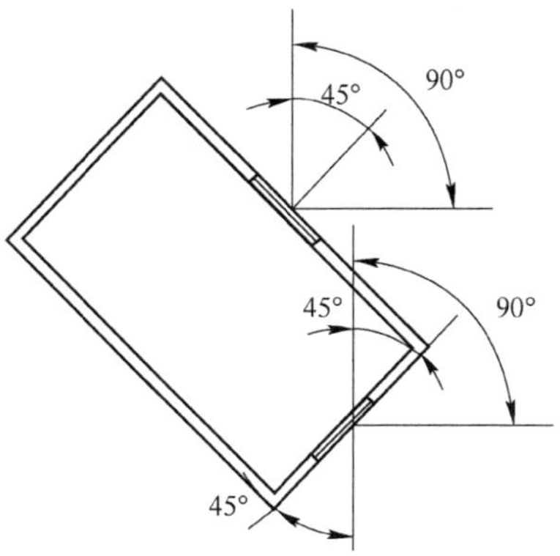

(f)

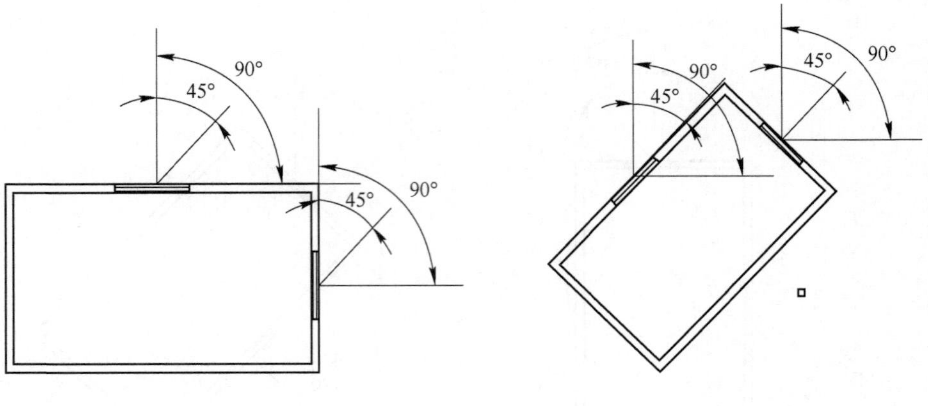

(g)　　(h)

图 4-13　位于风向季节变化区窗户邻开式布置示意图

（a）南北向；（b）北偏西 45°；（c）东西向；（d）西偏南 45°；（e）南北向 180°；（f）南偏东 45°；（g）东西向 180°；（h）北偏东 45°

由图 4-13 可知，热工分区编号为图 3-7 中①的卧室朝向范围为 180°～225°，即南偏西 0°～45°。

对于窗户单开式房间有如图 4-14 所示八个朝向方式，可以看出单开窗户朝向范围在 135°～270°最适，270°～360°次之，0°～135°最差。但是，对于各方向均有窗户单开式房间的建筑，需要将对开式、邻开式纳入进行综合考虑。

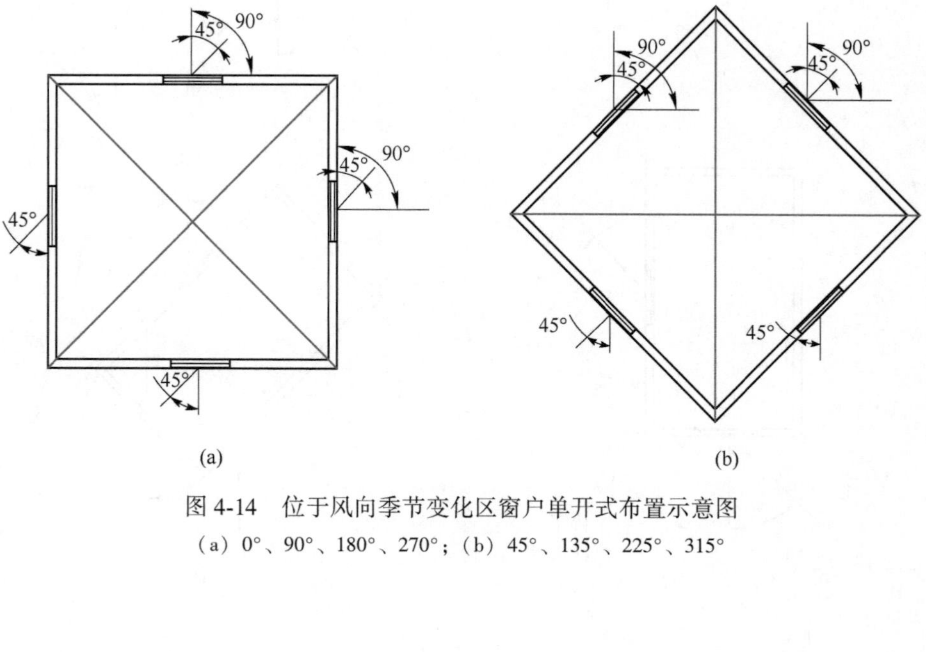

(a)　　(b)

图 4-14　位于风向季节变化区窗户单开式布置示意图

（a）0°、90°、180°、270°；（b）45°、135°、225°、315°

上述对建筑朝向的分析后，最终确定该建筑的理论朝向为南偏西 0°~22.5°，通过现场踏勘，该小区附近的一条地铁线走向为南偏东 66°。为了与地形相结合，该建筑的朝向可以为北偏东 24°左右，或者南偏西 24°左右，这一结果与该建筑实际设计朝向为南偏西 22.5°相吻合。

4.3　围护结构保温材料对装配式被动房动态热工性能的影响

围护结构是指建筑及房间各方向的围挡物，如门、墙、窗、楼板等，它们能够有效抵御不良环境的影响。室内保温隔热效果主要与围护结构构造有关，构造中主要考虑的因素为材料、材料厚度、材料属性三方面，它们会影响围护结构的热阻、传热系数及保温隔热效果。

对于围护结构门、窗来说，其主要是用于通风及采光，涉及围护结构的气密性。其使用寿命短暂，可更替性也强，在围护结构中的面积占比也较小。相对于建筑的使用有限，外墙与楼板的结构构造研究价值更高，因此本章仅对围护结构中的外墙与楼板的构造进行研究。

4.3.1　保温材料的选取

目前常用的建筑保温材料包括真空绝热板、气凝胶保温板、聚氨酯泡沫板（PU）、XPS保温板、石墨聚苯板、EPS保温板、岩棉板等，这些建筑保温材料在隔热性能、施工性能、耐久性等方面各有优劣，选择适合的保温材料需考虑建筑类型、气候条件、预算限制以及施工要求等因素。

真空绝热板（Super Thin Panel，STP）是一种利用真空层来有效隔断热量传导和对流的保温材料，提供卓越的隔热性能。它的主要特点是轻薄而质量轻，可以节省空间并方便安装。由于真空绝热板中的空气已被抽取，形成了真空状态，热传导的路径被大大降低，从而实现了出色的隔热效果。相比其他保温材料，真空绝热板具有更高的隔热性能，在同样的厚度下可以实现更好的保温效果。然而，真空绝热板的成本较高，这主要是因为制造和维持真空状态的技术要求较高。此外，真空绝热板的耐火性能相对较差，不适用于防火要求较高的场合。因此，在使用真空绝热板时，需要根据具体的需求和应用环境进行综合考虑。

气凝胶保温板（Aerogel Insulation Board，AIB）是一种纳米多孔材料，因其零纳米级孔径、高比表面积和低热导率等特点在建筑保温隔热领域有广泛应用。气凝胶保温板作为一种新型的保温材料，最突出的特点是密度极低，呈现出超轻的特质，同时具备良好的柔韧性，在各种复杂形状的物体表面都能轻松贴合，安装便捷且能适应多样化的应用场景。气凝胶保温板具有极低的导热系数和良好的保温性能，能够有效地减少建筑内外温差，提高建筑的保温隔热效果。然而，气凝胶保温板与传统保温材料在热膨胀系数上存在差异，这可能导致在温度变化时，气凝胶保温板与保温材料之间产生应力，从而影响保温效果。另外，气凝胶保温板的高孔隙率使其对水分敏感，容易吸湿和脱湿，这可能导致它与周围建筑材料之间的界面产生变化，影响整体结构的稳定性。

聚氨酯泡沫板（Polyurethane，PU）是一种多功能的保温材料，通过聚醚或聚酯与异氰酸酯反应发生泡沫化制备而成。它具有优异的隔热性能和防潮性能，可以有效地减少热量传导并保持长时间的保温效果。聚氨酯泡沫板具有较好的抗压性能和结构强度，因此在各种建筑领域中得到广泛应用，它适用于墙体、屋顶、地板、管道等需要较高保温性能的区域。聚氨酯泡沫板的优点之一是它可以适应不同形状和尺寸的表面，使其施工灵活性较高。此外，聚氨酯泡沫板还具有良好的黏结性能，可以在施工过程中与其他建筑材料很好地黏合在一起，增强整体结构的稳定性。然而，需要注意的是，聚氨酯泡沫板对火源有较低的抵抗能力，因此在防火要求较高的场所可能需要采取其他防火措施。另外，由于聚氨酯泡沫材料含有可燃物质，需要注意防止暴露于高温环境，以免引发火灾。

挤塑聚苯板（Extruded Polystyrene Board，XPS）是一种使用聚苯乙烯作为原料，通过挤压加工制成的保温材料。它具有优异的隔热性能和防潮性能，可以有效地减少热量传导并阻止水分渗透。由于挤塑聚苯板的密度较高，它具有较好的抗压性能和耐久性，适用于地下室、墙体、屋顶等需要较高保温性能的领域。挤塑聚苯板具有优秀的结构稳定性，不易因气候变化或潮湿环境而导致其性能下降。它可以抵御冷热应力的影响，不易变形和老化。此外，挤塑聚苯板还具有较好的防火性能，能够有效延缓火势蔓延，提高建筑物的安全性。需要注意的是，由于挤塑聚苯板通常较为致密，施工时需要进行合理的缝隙处理以防止热桥效应的产生。

石墨聚苯板（Graphite Polybenzo Board，SEPS）是一种改良型保温材料，它在生产过程中添加了石墨颗粒。这些石墨颗粒的加入使得石墨聚苯板具有较低的导热系数，从而提供了良好的隔热效果。相较于传统聚苯板，石墨聚苯板的耐火性能有所提升，但耐火等级还需要根据具体要求进行评估。因此，在需要防火性能较高的场合，建议进行相关的测试和评估，以确保符合安全要求。此外，石墨聚苯板还具有较好的防潮性能，即使在高湿度环境下，仍能有效地保持良好的隔热效果，这使得石墨聚苯板在潮湿条件下的使用更加可靠。

膨胀聚苯板（Expanded Polystyrene Boar，EPS）是一种经济实惠且轻质的保温材料。它具有优秀的隔热性能和防潮性能，可以有效减少热量传导，并保持良好的保温效果。此外，EPS 板材易于切割和安装，非常适用于墙体、屋顶、地板等建筑部位的保温和隔热需求。需要注意的是，EPS 板材对火源具有较低的抵抗能力，因此在防火要求较高的场所可能不太合适。另外，在长时间暴露在紫外线下，EPS 板材可能会出现老化、褪色等问题。为了提高其耐久性，一般会进行表面涂覆或使用其他保护措施。总体来说，EPS 板材是一种常见且可靠的保温材料，广泛应用于建筑领域。

岩棉板（Rock Wool，RW）是一种优质的保温材料，由玄武岩等矿物纤维制成。它具有出色的隔热性能和防火性能，在高温下能够有效隔离热量的传输。岩棉板还具备良好的抗压和抗腐蚀性能，适用于各种建筑和工业领域的保温需求。其高品质的材料组成和特殊的纤维结构确保了优异的耐久性和长期稳定性，不仅能够提供卓越的保温效果，还能有效降低能耗并提升建筑的舒适性。岩棉板作为一种环保的选择，对于可持续建筑和能源节约有着积极的影响。

本节研究围护结构构造中不同保温材料对建筑动态热工性能的影响，选取的保温材料如图 4-15 所示，其属性见表 4-7。

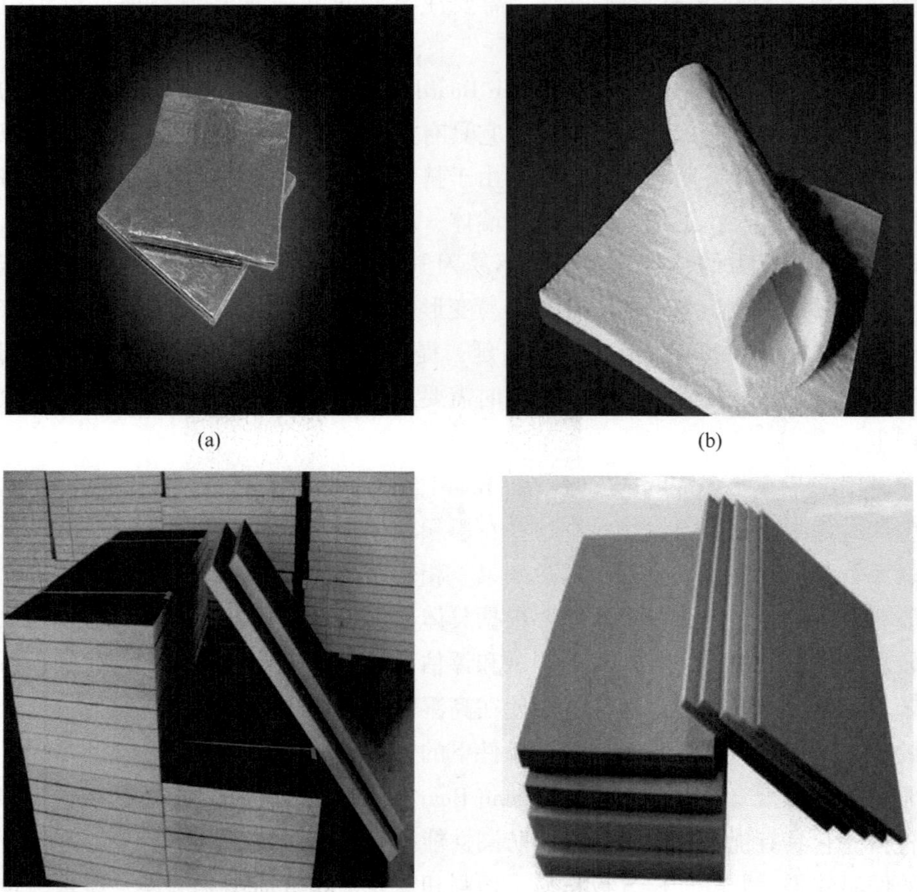

(a)　(b)　(c)　(d)

(e)

(f)

(g)

图 4-15 彩图

图 4-15 保温材料实物图

(a) 真空绝热板；(b) 气凝胶保温板；(c) 聚氨酯泡沫板（PU）；(d) 挤塑保温板（XPS）；(e) 石墨聚苯板；(f) 膨胀保温板（EPS）；(g) 岩棉板

表 4-7 保温材料的属性

材料名称	真空绝热板	气凝胶保温板	聚氨酯泡沫板（PU）	挤塑聚苯板（XPS）	石墨聚苯板	膨胀聚苯板（EPS）	岩棉板
导热系数 /[W·(m·K)$^{-1}$]	0.008	0.013	0.024	0.03	0.032	0.041	0.05
密度 /(kg·m^{-3})	275	3	35	35	35	18	70
比热容 /[J·(kg·K)$^{-1}$]	1280	502.416	2380	1500	1500	2414.8	1340

建筑中保温材料的选择不仅要考虑保温性能，还需要关注防火性能和耐久性。由于保温材料在建筑中通常需要长时间使用，因此选择合适的材料可以避免频繁更换带来的麻烦。在进行保温材料的选择和布置之前，应根据不同材料的性能进行优选。不同的保温材料有各自的优势，表 4-8 对本书应用到的保温材料性能进行对比。

表 4-8 不同保温材料性能对比

材料名称	隔热性能	耐火性能	防水性能	耐久性能	施工难度	使用成本
真空绝热板（STP）	非常好	较差	非常好	非常好	大	非常高
气凝胶保温板（AIB）	非常好	较好	一般	良好	大	非常高
聚氨酯泡沫板（PU）	较好	较差	非常好	较好	大	较高
挤塑聚苯板（XPS）	良好	良好	较强	良好	一般	一般
石墨聚苯板（SEPS）	较好	较好	一般	较好	一般	较高
膨胀聚苯板（EPS）	良好	较差	较强	较差	一般	较高
岩棉板（RW）	一般	较好	较弱	较好	大	低

4.3.2 保温材料对建筑保温隔热的影响

将外墙构造的保温层厚度以 20 mm 为变化梯度，分为 110 mm、130 mm、150 mm、170 mm、190 mm 五种厚度，这样七种保温材料就可得到 7×5 种工况，见表 4-9。

表 4-9 外墙保温材料工况设置说明

工况编号	工况说明	工况编号	工况说明	工况编号	工况说明	工况编号	工况说明
1	真空绝热板（110 mm）	10	气凝胶保温板（190 mm）	19	挤塑聚苯板（170 mm）	28	膨胀聚苯板（150 mm）
2	真空绝热板（130 mm）	11	聚氨酯泡沫板（110 mm）	20	挤塑聚苯板（190 mm）	29	膨胀聚苯板（170 mm）
3	真空绝热板（150 mm）	12	聚氨酯泡沫板（130 mm）	21	石墨聚苯板（110 mm）	30	膨胀聚苯板（190 mm）
4	真空绝热板（170 mm）	13	聚氨酯泡沫板（150 mm）	22	石墨聚苯板（130 mm）	31	岩棉板（110 mm）

续表 4-9

工况编号	工况说明	工况编号	工况说明	工况编号	工况说明	工况编号	工况说明
5	真空绝热板（190 mm）	14	聚氨酯泡沫板（170 mm）	23	石墨聚苯板（150 mm）	32	岩棉板（130 mm）
6	气凝胶保温板（110 mm）	15	聚氨酯泡沫板（190 mm）	24	石墨聚苯板（170 mm）	33	岩棉板（130 mm）
7	气凝胶保温板（130 mm）	16	挤塑聚苯板（110 mm）	25	石墨聚苯板（190 mm）	34	岩棉板（170 mm）
8	气凝胶保温板（150 mm）	17	挤塑聚苯板（130 mm）	26	膨胀聚苯板（110 mm）	35	岩棉板（190 mm）
9	气凝胶保温板（170 mm）	18	挤塑聚苯板（150 mm）	27	膨胀聚苯板（130 mm）		

为了便于观察，依然选择房间 1003 作为研究对象，分析保温材料对该房间室内温、湿度的影响。按照表 4-9 的工况依次输出房间 1003 在设计日 1 月 21 日与 7 月 21 日的全天自然室温，并做成折线图。

首先将保温材料真空绝热板对应的五种工况对应参数输入 EnergyPlus 中，进行温、湿度模拟，得到 1 月 21 日室内温、湿度随时间的变化曲线如图 4-16（a）和（b）所示，7 月 21 日室内温、湿度随时间的变化，如图 4-16（c）和（d）所示。

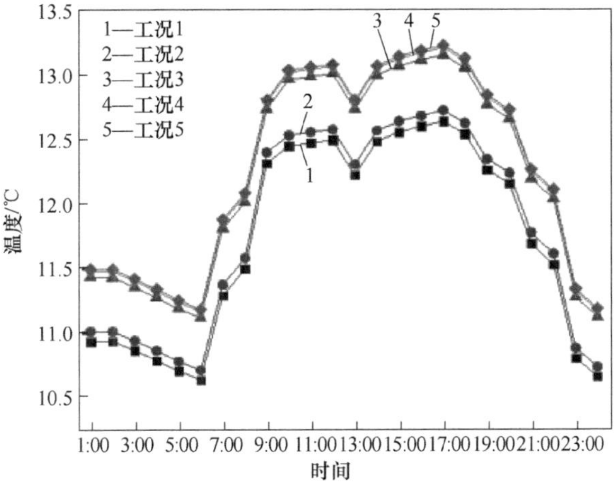

(a)

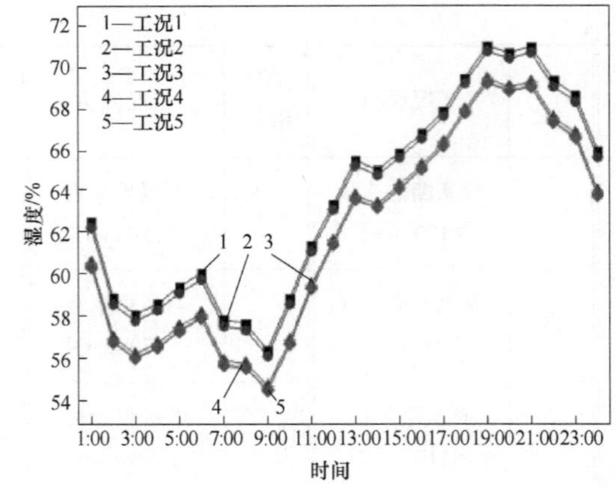

(b)

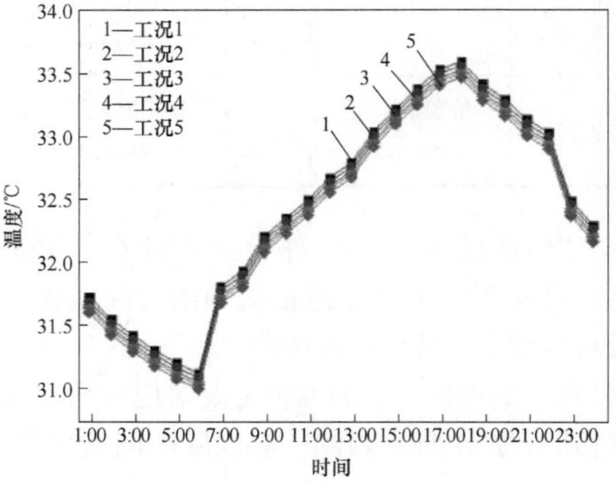

(c)

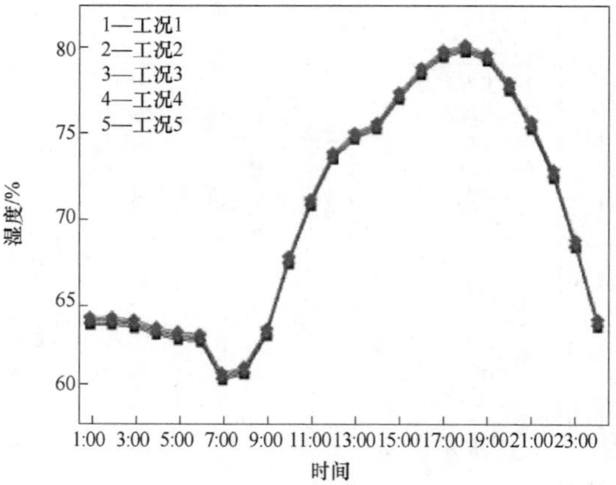

(d)

图 4-16 彩图

图 4-16　五种不同厚度的真空绝热板对于室内自然温、湿度影响

(a) 1 月 21 日的温度；(b) 1 月 21 日的湿度；(c) 7 月 21 日的温度；(d) 7 月 21 日的湿度

(图 (d) 由于折线重合，难以标注，请见二维码中的彩图)

通过观察4-16可知：

（1）在1月时，保温效果整体表现为随着保温材料厚度的增加，保温效果逐渐增加。在7月时，隔热效果整体表现为随着保温材料厚度的增加，隔热效果逐渐增加。

（2）在1月时，室内湿度会随着保温材料厚度的增加而减小，7月室内湿度会随着保温材料厚度的增加而增大。

（3）在材料厚度均匀增加的情况下，温、湿度并不是均匀增加或者降低的。对于1月温度变化在工况2到工况3时，房间1003的自然室温、湿度发生了跳跃性变化，其余工况对于温、湿度的影响较小；7月温、湿度对于工况1~5的变化敏感程度偏低。

（4）通过1月的温、湿度变化图可知，以真空绝热板作为墙体保温材料，其最佳厚度为150 mm。

（5）还可以推断出，在夏热冬冷地区，外墙围护结构起到的主要作用是在寒冷时间段提升保温性能，而不是在炎热时期的隔热性能。

因此，其余工况将仅以1月21日的温度数据作为分析依据，用于探讨不同保温材料属性对于保温性能的影响。输出其余30种工况在1月21日的自然室内温度，并按照保温材料种类统计各种自然室温在不同厚度下的变化，如图4-17所示。

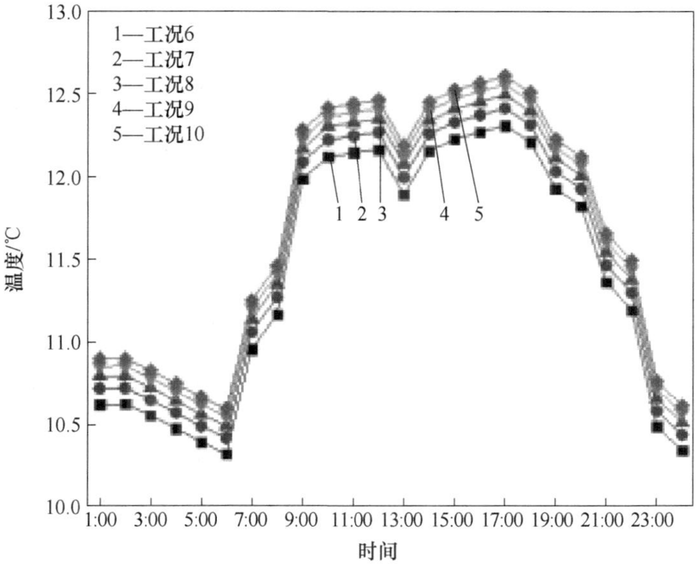

(a)

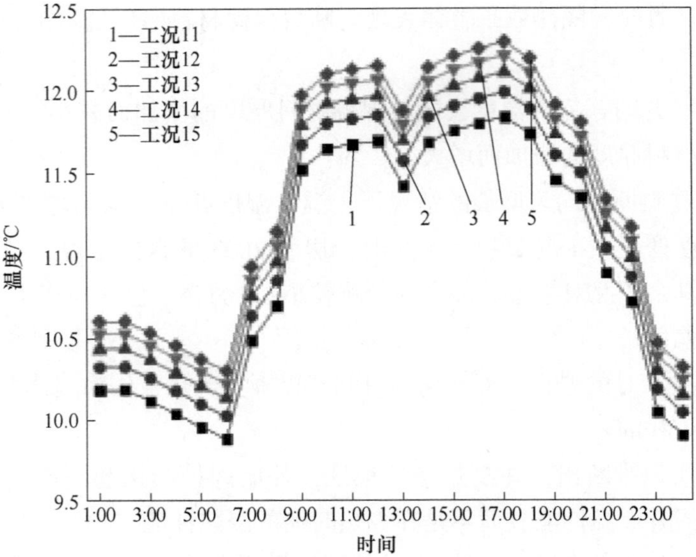
1—工况11
2—工况12
3—工况13
4—工况14
5—工况15
温度/℃
时间
12.5
12.0
11.5
11.0
10.5
10.0
9.5
1:00
3:00
5:00
7:00
9:00
11:00
13:00
15:00
17:00
19:00
21:00
23:00
1
2
3
4
5

(b)

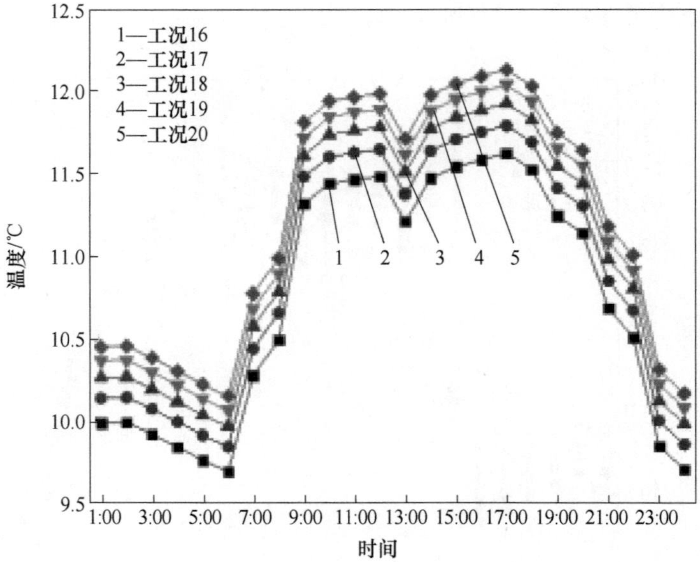
1—工况16
2—工况17
3—工况18
4—工况19
5—工况20
温度/℃
时间
12.5
12.0
11.5
11.0
10.5
10.0
9.5
1:00
3:00
5:00
7:00
9:00
11:00
13:00
15:00
17:00
19:00
21:00
23:00
1
2
3
4
5

(c)

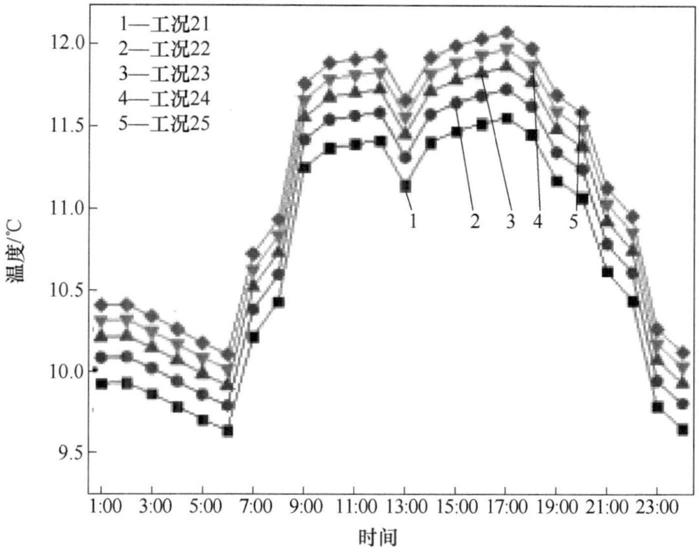
1—工况21
2—工况22
3—工况23
4—工况24
5—工况25
温度/℃
时间
12.0
11.5
11.0
10.5
10.0
9.5
1:00 3:00 5:00 7:00 9:00 11:00 13:00 15:00 17:00 19:00 21:00 23:00
1 2 3 4 5

(d)

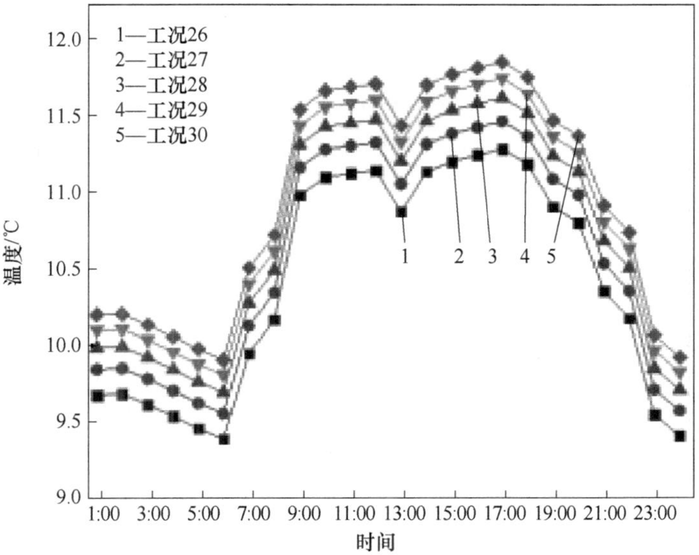
1—工况26
2—工况27
3—工况28
4—工况29
5—工况30
温度/℃
时间
12.0
11.5
11.0
10.5
10.0
9.5
9.0
1:00 3:00 5:00 7:00 9:00 11:00 13:00 15:00 17:00 19:00 21:00 23:00
1 2 3 4 5

(e)

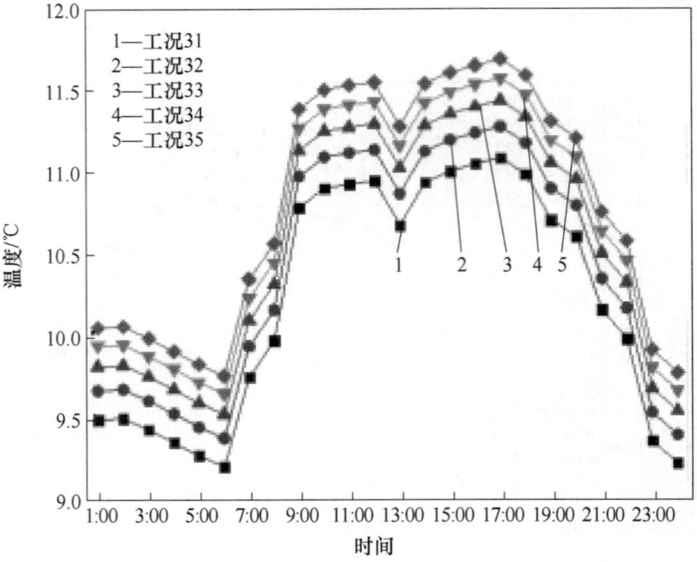

(f)

图 4-17 彩图

图 4-17　1 月 21 日各工况室内自然温度变化

(a) 气凝胶保温板；(b) 聚氨酯泡沫板；(c) 挤塑聚苯板；(d) 石墨聚苯板；(e) 膨胀聚苯板；(f) 岩棉板

通过观察各保温材料及厚度对室内温度的影响，可以得出如下结论。

(1) 在一天 24 h 内不同保温材料及不同厚度对自然室内温度影响的变化趋势是一致的。

(2) 气凝胶保温板相对于聚氨酯泡沫板、挤塑聚苯板、石墨聚苯板、膨胀聚苯板、岩棉板来说，随着保温材料厚度的增加室内温度变化较小。真空绝热板在厚度 110~130 mm、150~190 mm 的温度变化趋势与气凝胶保温板一致。

(3) 通过同一时间点，计算不同厚度保温材料的室内温度变化量，可以得出厚度线性增加时室温保温效果提升增量不断衰减的结论。

(4) 记录 17:00 不同厚度石墨聚苯板对应的室内温度，并统计该材料厚度每增加 20 mm 温度变化值，见表 4-10。

表 4-10　1 月 21 日 17:00 不同厚度的石墨聚苯板温度统计

石墨聚苯板厚度/mm	110	130	150	170	190
17:00 室内自然室温/℃	11.55	11.72	11.86	11.96	12.06
温度变化/℃	—	0.17	0.14	0.11	0.10

由表 4-10 可以明显地看出，随着石墨聚苯板厚度增加，室内温度衰减不断加快，温度增量随保温厚度增加的变化如图 4-18 所示。

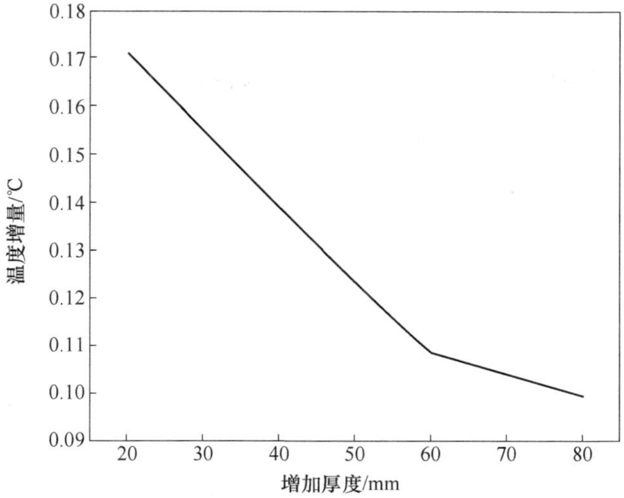

图 4-18　石墨聚苯板厚度变化与温度增量的关系

由图 4-18 可以看出，石墨聚苯板在厚度 110 mm 的基础上增加 0~60 mm，温度的增量呈线性降低，超过 60 mm 后温度增量随着厚度的增加趋于稳定。因此，石墨聚苯板保温效果与厚度的转折点在 170 mm，超过 170 mm 后保温效果越来越不明显。

（5）当厚度相同时，1 月 21 日不同材料对应的室内逐时温度如图 4-19 所示。可以看出，各种保温材料厚度均为 110 mm 时，保温材料导热系数小的保温效果优于导热系数高的保温材料。

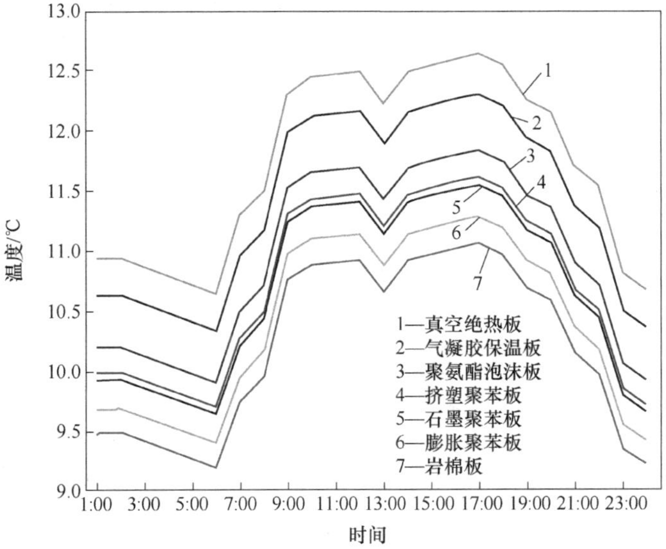

图 4-19 彩图

图 4-19　1 月 21 日不同材料（厚度均为 110 mm）的逐时温度

为了探究导热系数与自然室内温度之间的关系，将 150 mm 厚的石墨聚苯板在原有导热系数 0.032 W/(m · K) 的基础上加减 0.001 W/(m · K)、0.002 W/(m · K)、0.003 W/(m · K) 生成新的 6 组数据，与 1 月 21 日原有室内自然室温进行比较，将模拟数据进行统计，结果见表 4-11。

表 4-11　1 月 21 日石墨聚苯板各导热系数对应的自然室温　　(℃)

时刻	石墨聚苯板导热系数/[W · (m · K)$^{-1}$]						
	0.029	0.03	0.031	0.032	0.033	0.034	0.035
01:00	10.29	10.26	10.23	10.20	10.18	10.15	10.12
02:00	10.29	10.26	10.24	10.21	10.18	10.16	10.13
03:00	10.22	10.19	10.16	10.14	10.11	10.09	10.06
04:00	10.14	10.11	10.09	10.06	10.03	10.01	9.98
05:00	10.06	10.03	10.00	9.98	9.95	9.92	9.90
06:00	9.99	9.96	9.93	9.91	9.88	9.85	9.83
07:00	10.60	10.57	10.54	10.51	10.48	10.45	10.43
08:00	10.81	10.78	10.75	10.72	10.69	10.67	10.64
09:00	11.63	11.60	11.57	11.55	11.52	11.49	11.46
10:00	11.76	11.73	11.70	11.67	11.64	11.61	11.58
11:00	11.78	11.75	11.72	11.69	11.66	11.64	11.61
12:00	11.80	11.77	11.74	11.71	11.69	11.66	11.63
13:00	11.53	11.50	11.47	11.44	11.41	11.39	11.36
14:00	11.79	11.76	11.73	11.70	11.68	11.65	11.62
15:00	11.86	11.83	11.80	11.77	11.74	11.72	11.69
16:00	11.91	11.88	11.85	11.82	11.79	11.76	11.73
17:00	11.95	11.92	11.89	11.86	11.83	11.80	11.77
18:00	11.85	11.82	11.79	11.76	11.73	11.70	11.67
19:00	11.56	11.53	11.51	11.48	11.45	11.42	11.39
20:00	11.46	11.43	11.40	11.37	11.34	11.31	11.29
21:00	11.00	10.97	10.94	10.92	10.89	10.86	10.83
22:00	10.83	10.80	10.77	10.74	10.71	10.68	10.66
23:00	10.15	10.12	10.09	10.07	10.04	10.01	9.99
24:00	10.01	9.98	9.95	9.92	9.90	9.87	9.85

由表 4-11 可知，当石墨聚苯板厚度为 150 mm 时，在其余参数不变的情况下，导热系数每增加 0.001 W/(m · K)，室内温度都会下降 0.03 ℃，因此导热系数对室内温度的影响较大。

4.4 新风热回收模型分析

本节依据装配式被动房的被动式技术优先、主动式技术优化原则进行设计优化，首先通过被动式设计理念增强建筑本身的热工性能，当被动式设计不能满足要求时，通过采取主动式设计增强建筑节能效果，减少建筑能耗。在前文中，对被动式技术进行了研究，仍具有较高能源消耗，为进一步降低能耗，增强舒适度，提高居住者的居住体验，本节对主动式技术进行分析。对于装配式被动房而言，常采用主动式技术即新风热回收技术，因此本节研究新风系回收效率对建筑节能的影响。

4.4.1 新风热回收系统简介

建筑有自然通风和机械通风两种主要的通风方式。自然通风是指通过开启外窗的方式，由风压和热压作用对室内进行通风换气，这种方式完全依赖于室外环境，受气候影响常常无法满足室内通风换气需求，因此，机械通风逐渐发展起来并且成为主流的通风方式。随着社会经济的发展，汽车尾气、工厂排放废气等导致空气质量变差，雾霾天气更加频繁地出现，开窗通风并不能完全改善室内空气质量，因此，人们越来越表现出对优质空气质量的需求。随着新风系统的出现，越来越多的家庭选择在室内安装新风系统以获得更好的空气质量和室内舒适度。

普通的新风系统通过新风口将室外的新鲜空气输送到室内，同时通过排风口把室内污浊的空气排到室外；带有热回收功能的新风系统可以在保证室内空气质量的同时通过回收排放的热量或者冷量来保证室内热舒适，从而降低能耗。新风热回收装置示意图如图 4-20 所示。

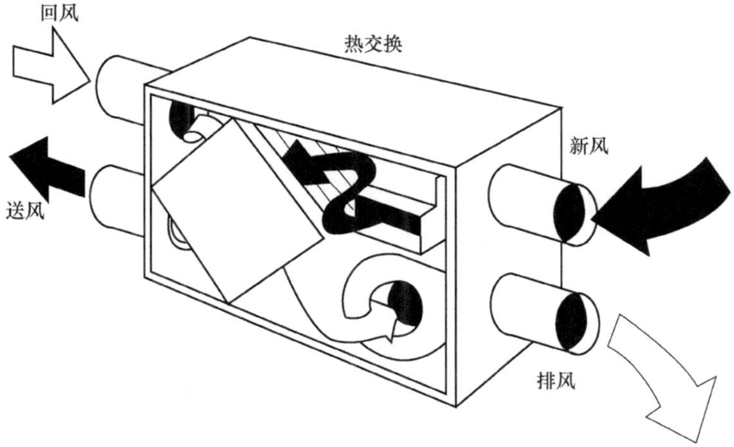

图 4-20 新风热回收装置示意图
［来源：被动式超低能耗绿色建筑技术导则试行（居住建筑）］

热回收装置按换热类型分为全热回收型和显热回收型两类，全热回收的能量体现在新风和排风的焓差上，显热回收的能量体现在新风和排风的温差上。常用的热回收装置有板式、转轮式、热管式和溶液吸收式等多种形式。常用热回收装置性能见表 4-12。

表 4-12　常用热回收装置性能

项　　目	热回收装置类型					
	转轮式	液体循环式	板式	热管式	板翅式	溶液吸收式
能量回收形式	显热或全热	显热	显热	显热	全热	全热
热回收效率/%	50~85	55~65	50~80	45~65	50~70	50~85
排风泄漏量/%	0. 5~10	0	0~5	0~1	0~5	0

来源：被动式超低能耗绿色建筑技术导则试行（居住建筑）。

4. 4. 2　新风热回收系统节能效果分析

装配式被动房常使用高效新风热回收系统来保证室内舒适度，热回收效率是决定新风装置性能的重要因素，也是评价热回收装置换热性能的主要指标，热回收效率越高热回收装置的性能越好。

目前市场上常见的新风热回收机的热回收效率见表 4-13。

表 4-13　常见的新风热回收机的热回收效率

品 牌 型 号	全热回收效率/%	显热回收效率/%
远大 FF100Pro	70	—
第五季 DWJXF-BG160TSC	70	—
兰舍 Comfo350ERV	85	—
创思泰 TA-199/438/198-440-2. 3	75	80
格兰斯柯 JW-350-DB-XC	—	75
致果 SX-200-A-XFK01	60~70	60~70

根据市场上常见的新风热回收机组表现，它们的回收效率存在一定的跨度，并且效率会受到室内外工况的影响。在实际运行中，机组的效率很难一直处于最大值，因为它会随着外界条件的波动而变化。

然而，值得注意的是，新风热回收机组的设计和技术越先进、高效，其热回收效率的稳定性和适应性也会更好。一些高端的机组采用先进的热交换器材料和设计，能够适应不同的室内外温、湿度条件，并在长时间运行中保持较高的热回收效率。总而言之，虽然新风热回收机组的热回收效率会受到室内外工况影响，并存在一定的波动，但选择先进的机组设备和采取适当的运行管理措施，可以最大限度地提高热回收效率并确保其稳定性。

本节对不同新风热回收效率下采暖、空调、通风能耗的影响关系进行研究，分别讨论显热回收和全热回收两种情景。

在进行分析之前，做以下假设来简化模型和计算过程：

（1）假设模型房间内空气温度是均匀的，即整个房间内的空气温度相同；

（2）假设新风热回收系统的换热效率是恒定的，在不同环境条件下系统的换热效果保持不变；

（3）房间围护结构表面温度相同，并且热传导过程可以被视为一维过程。

4.4.2.1　显热回收效率分析

为研究新风系统显热回收的节能效果，本节模拟不同显热回收效率下建筑能耗的变化规律。市场上热回收系统的热回收效率通常大于60%，因此本节以5%为步长，讨论显热回收效率为60%～90%时的变化规律，并与新风系统不进行热回收效率时进行对比，见表4-14。

表4-14　不同显热回收效率下能耗统计表

显热回收效率/%	无热回收	60	65	70	75	80	85	90
采暖能耗/(kW·h)	30591.48	20210.19	20175.40	20167.28	20168.55	20168.54	20168.55	20168.58
空调能耗/(kW·h)	30276.70	29625.19	29567.40	29509.13	29450.46	29391.14	29331.38	29272.01
风机能耗/(kW·h)	12608.42	12606.90	12606.87	12606.85	12606.86	12606.84	12606.83	12606.82
总能耗/(kW·h)	73476.60	62442.28	62349.67	62283.26	62225.87	62166.52	62106.76	62047.41
节能率/%	—	15.02	15.14	15.23	15.31	15.39	15.47	15.55

由表4-14可知，从无热回收到显热回收效率60%，总能耗降低了15.02%，

此时采暖能耗和空调能耗分别减少了33.94%、2.15%，可见采暖能耗降低较为显著。当显热回收效率从60%增加到90%，节能率从15.02%增加到15.55%，采暖能耗降低速率开始稳定；当70%显热回收效率时，采暖能耗达到最低值20167.28 kW·h，且显热回收效率处于60%~90%范围内时，空调能耗一直处于线性降低状态。可见在成都市，新风系统显热回收效率的提高对减少冷能耗有一定的作用。

4.4.2.2　全热回收效率分析

假设被动式全热交换新风系统的显热回收效率和全热回收效率一致，步长仍为5%，分析全热回收效率为60%~90%时，热回收率与能耗的关系。该建筑能耗模拟计算结果，见表4-15。

表4-15　不同全热回收效率下能耗统计表

全热回收效率/%	无热回收	60	65	70	75	80	85	90
采暖能耗/(kW·h)	30591.48	20210.31	20175.65	20167.45	20168.65	20168.57	20168.52	20168.48
空调能耗/(kW·h)	30276.70	26300.49	25967.01	25638.36	25314.11	24994.21	24679.01	24367.85
风机能耗/(kW·h)	12608.42	12606.63	12606.63	12606.62	12606.65	12606.65	12606.65	12606.64
总能耗/(kW·h)	73476.60	59117.43	58749.29	58412.43	58089.41	57769.43	57454.18	57142.97
节能率/%	—	19.54	20.04	20.50	20.94	21.38	21.81	22.23

全热回收效率在60%时，相较于无热回收时的总能耗，降低了19.54%，此时采暖能耗和空调能耗分别降低了33.93%、13.13%；相较于显热回收模式，全热回收不仅影响采暖能耗，对空调能耗的影响也更加显著。全热回收效率处于60%~65%区间时，节能率从19.54%增加到22.23%；当全热回收效率处于70%时，采暖能耗开始稳定，随着全热回收效率的增加，空调能耗降低速率基本不变。

4.4.2.3 综合分析

对显热回收和全热回收进行综合分析后发现，在显热回收模式下，随着显热回收效率从60%增加到90%，节能率仅略微增加，并保持在15%左右的波动范围。在全热回收模式下，随着全热回收效率的增加，节能率从19.54%增加到22.23%，显示全热回收模式在节能方面具有更大的优势。在热回收效率的变化过程中，显热回收模式和全热回收模式的采暖能耗都在达到约70%的热回收效率后趋于稳定。空调能耗则呈线性降低趋势，随着热回收效率的增加而持续降低。这表明在成都市，热回收技术的应用会对采暖和空调能耗产生显著影响。此外，风机能耗在热回收过程中保持较为稳定的状态，说明热回收技术并不会直接影响风机能耗。如果需要进一步降低风机能耗，可以考虑采用智能控制措施来优化运行。

由于成都市夏季温度和湿度较高，冬季温度大部分时间低于0 ℃，通过回收温度和湿度可以更有效地降低空调能耗。因此，从节能的角度来看，在成都市全热回收新风系统具有更好的节能效果。

4.4.3 全热交换器简介

全热交换器的核心器件是全热交换芯体，通过热交换滤芯可将室内排出和室外进入的温度、水分相互转换利用，改变排出和进入空气的温度、湿度，达到节约能耗的目的，如图4-21所示。

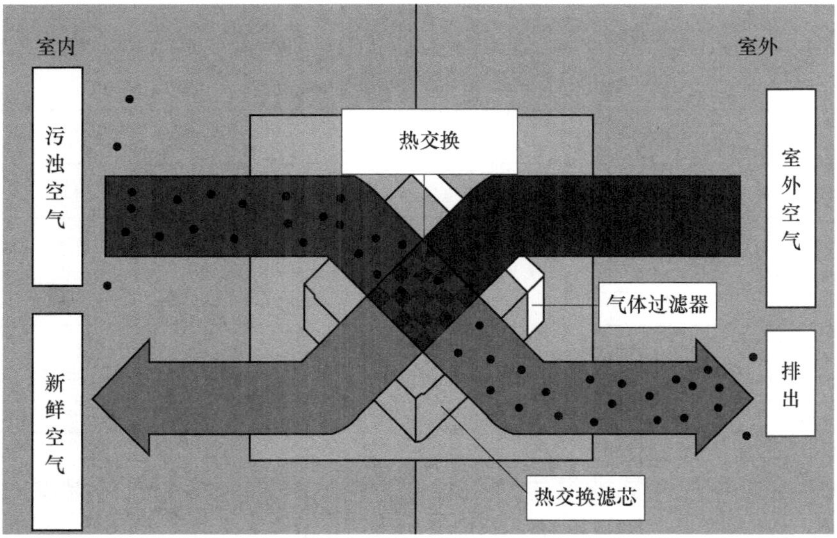

图4-21 热交换器的工作原理图

图4-21彩图

不同热交换机的参数不一样，该实验对象室内热交换机选择的型号为 K-2，具体参数见表 4-16。

表 4-16　室内热交换机参数

全热新风一体机型号	K-2
风量	100 m^3/h/225 m^3/h/450 m^3/h（低挡/中挡/高挡）
显热交换率	≥75%
潜热交换率	≥50%
热回收模式制热量	1. 03 kW/2. 14 kW/3. 79 kW（低挡/中挡/高挡）
热回收模式制冷量	1. 95 kW/3. 88 kW/6. 58 kW（低挡/中挡/高挡）
噪声	29 dB/31 dB/35 dB
机外静压	120 Pa

4. 4. 4　条件设置

在进行能耗及 PMV 模拟前，需要增加一些条件设置，具体设置如下。

（1）将“simulation control”中的“Do System Sizing Calculation”及“Do Plant Sizing Calculation”设置为“开启”；“建筑朝向”设置为“南偏西 22. 5°”。

（2）要输出 PMV 就必须对热扰中的“People”内进行具体的设置，为了方便寻找影响机理，还是以房间 1003 作为研究对象。首先设置室内人数，在早上 9:00 到晚上 11:00 客厅在室人数为 4 人，而不是全天在室，所以只能设置“Schedule：Compact”，具体设置见表 4-17。

表 4-17　人员数量安排名称设置

字段名称或代号	设置内容	字段名称或代号	设置内容
名称	人员安排	字段 4	0（不在室内）
安排类型限制名称	任意数量	字段 5	直到 23:00
字段 1	截止到 12 月 31 日	字段 6	1（在室内）
字段 2	全天	字段 7	直到 24:00
字段 3	直到 9:00	字段 8	0

房间 1003 为客厅，人员进行的都是轻度活动，在冬季室内理想温度为 20 ℃，所以室内活动散热根据表 4-18 设为“93W/Person”；同理，设置“Schedule：Compact”，具体设置见表 4-19。

表 4-18　每人的轻微活动散热与室内温度对照表

类　别	室内温度/℃					
	20	21	22	23	24	25
显热 q_1/W	93	87	81	75	69	64
潜热 q_2/W	90	94	101	106	110	117
散热 $g/(g \cdot h^{-1})$	134	140	150	158	167	175

表 4-19　活动级别安排名称设置

字段名称或代号	设置内容	字段名称或代号	设置内容
名称	活动	字段 4	0
安排类型限制名称	温度	字段 5	直到 23:00
字段 1	截止到 12 月 31 日	字段 6	93 W/人
字段 2	全天	字段 7	直到 24:00
字段 3	直到 9:00	字段 8	0

假定室内人员不进行机械性劳动，所有散热均散发至周围空气中，所以“Work Efficiency Schedule Name”设置为“0”。再者，温度、湿度、辐射温度、空气流速、服装热阻对 PMV 的影响很大，起主要控制作用。所以服装热阻的精确设置必不可少，以时间为顺序根据日常室内着装设置室内套装热阻，具体见表 4-20。

表 4-20　室内一般服装的热阻

男性套装种类	使用大致时间	I_{cl}/clo	女性套装种类	使用大致时间	I_{cl}/clo
长裤，长衬衣，长袖毛衣，T 恤，夹克，长内裤	1 月	1.30	长裤，长衬衣，长袖保暖内衣	1 月	1.37
长裤，长衬衣，长袖毛衣，T 恤	2 月	1.01	到膝裙子，长袖衬衣，女士短内衣，连裤袜，长袖毛衣	2 月	1.10
长裤，长衬衣，夹克	3 月	0.96	到膝裙子，长袖衬衣，女士长内衣，连裤袜，夹克	3 月	1.04

续表 4-20

男性套装种类	使用大致时间	I_{cl}/clo	女性套装种类	使用大致时间	I_{cl}/clo
长裤，长衬衣	4 月	0.61	长裤，长衬衣，女士短内衣，连裤袜	4 月	0.72
长裤，短袖衬衣	5 月、6 月	0.59	到膝裙子，长袖衬衣，女士长内衣，连裤袜	5 月、6 月	0.67
男用外穿短裤，短袖衬衣	7—9 月	0.50	到膝裙子，短袖衬衣，连裤袜，凉鞋	7—9 月	0.54
长运动裤，运动衫	10 月	0.74	工装裤，长袖衬衣，T 恤	10 月	0.89
长裤，长衬衣，长袖毛衣，T 恤	11 月	1.01	到膝裙子，长袖衬衣，女士短内衣，连裤袜，长袖毛衣	11 月	1.10
长裤，长衬衣，长袖毛衣，秋裤	12 月	1.35	到膝裙子，长袖衬衣，保暖内衣，女士短内衣，连裤袜	12 月	1.46

根据表 4-20 每月男女不同的服装热阻，取两者的平均值作为在室人员服装热阻，按月份输入“Schedule：Compact”中，并命名为“Clothing Insulation Schedule”。送排风在室内的流动基本都是紊流，没有确定的流速，因此在“Schedule：Compact”中 1—12 月分别输入 0.07 m/s、0.07 m/s、0.06 m/s、0.06 m/s、0.06 m/s、0.08 m/s、0.08 m/s、0.08 m/s、0.05 m/s、0.06 m/s、0.07 m/s 和 0.07 m/s，并命名为“Air Velocity Sch”。设置完成后，热扰“People”具体输入情况见表 4-21。

表 4-21　热扰：人员配置具体情况

名　称	人　员	碳水平产生速率	0.0000000382/($m^3 \cdot s^{-1}$)
区域或区域列表限制名称	热区：房间 1003	启用美国采暖、制冷与空调工程师学会（ASHRAE）55 号标准舒适警告	否
人员数量时间表名称	人员时间表—营销区域	平均辐射温度计算类型	区域平均

续表 4-21

名　称	人　员	碳水平产生速率	0.0000000382/($m^3 \cdot s^{-1}$)
人员数量计算方法	人员	表面名称/角系数列表名称	—
人员数量	4	工作效率时间表名称	工作效率—营销区域
单位区域建筑面积的人员数量	—	服装隔热计算方法	服装隔热时间表
人均区域建筑面积	—	服装隔热计算方法时间表名称	—
辐射份额	0.3	服装隔热时间表名称	服装隔热时间表
显热比	自动计算	空气流速时间表名称	空气流速时间表
活动水平时间表名称	活动—营销区域	热舒适模型 1 类型	范格热舒适模型

(3) 热交换机参数设置，主要有恒温器设置、VRF 房间与系统设置和户外空气系统设置。根据最适宜的室内温度范围 18～26 ℃，设置“HVAC Template：Thermostat 的 Heating Set point Schedule Name”的“Hty-keting”中 0:00～09:00 和 23:00～24:00 温度为 13 ℃，09:00～23:00 温度为 18 ℃。“Cooling Set point Schedule Name”的“Clg-keting”中 0:00～09:00 和 23:00～24:00 温度为 32 ℃，09:00～23:00 温度为 26 ℃。房间 1003 的 VRF 系统作用时间为 09:00～23:00。

(4) 制冷制热功率根据表 4-16 中的三个挡位分别选取，“HVAC Template：System：Dedicated Out door Air”中风机的风速根据三个挡位的风量以及对应房间管道的风口面积为 200 mm×120 mm＝0.024 m^2，通入客厅的风量为主管道的 1/2，通入卧室的风量为主管道风量的 1/4。因此，客厅的三个挡位风速分别为 0.579 m/s、1.302 m/s、2.604 m/s，卧室的三个挡位风速分别为 0.2896 m/s、0.6510 m/s、1.3021 m/s。

4.4.5　全热新风一体机参数及控制方式对能耗和室内舒适度的影响

将三个挡位的参数对应输入“EP-launch”，输出房间 1003 从 9:00～23:00 全年温湿度、PMV、采暖能耗、空调能耗、风机能耗以及室内 CO_2 含量。

(1) 输出各挡位运行下房间 1003 全年室内运行时间段的温度，如图 4-22 所示。

由图 4-22 可以看出：

1) 当全热新风一体机为 1 挡时，在运行时间段内，夏季和冬季都会有一段时间的室内温度不满足设置温度范围要求。在冬季时出现在图 4-22 (a) 中的 A、

C 处，夏季出现在图 4-22（a）中的 B 处。

2）当全热新风一体机为 2 挡时，相比较 1 挡而言，夏季时会有较好的制冷效果，致使不会出现开 1 挡时图 4-22（a）B 处的情况。但在冬季时，依然会出现局部室内温度在设置温度范围外的情况，如图 4-22（b）中的 D、E 两处。比较图 4-22（a）中的 A、C 处与（b）中的 D、E 处，明显可以看出开 2 挡时，随着制热功率的增加，室内加热效果增强，超出设置温度范围的时长明显减少。

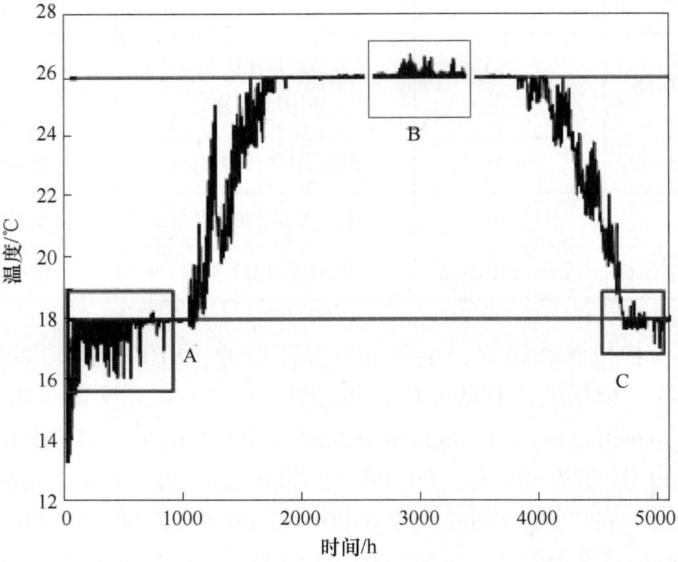

(a)

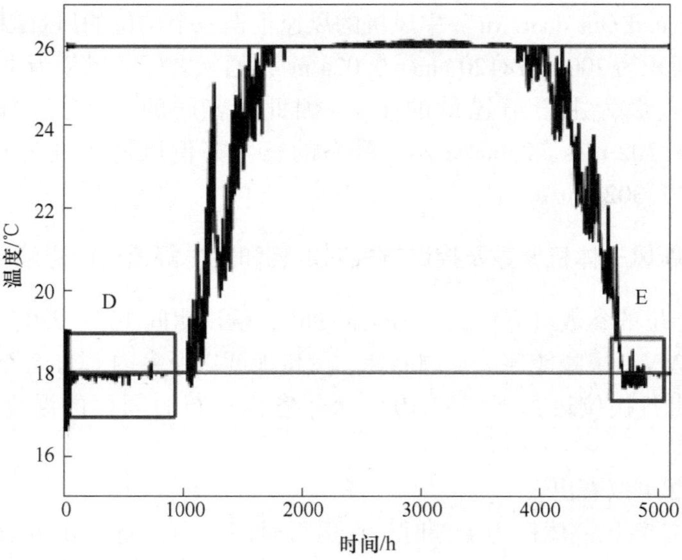

(b)

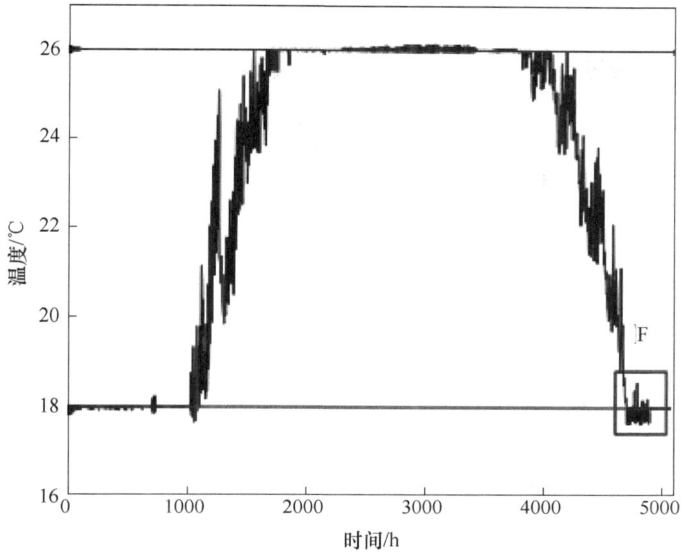

(c)

图 4-22 彩图

图 4-22 房间 1003 全年室内全热新风机运行时间段温度
(a) 1 挡；(b) 2 挡；(c) 3 挡

3）通过图 4-22（c）中的 F 处、（b）中的 E 处和（a）中的 C 处对比可知，在冬季该时间段内，当全热新风一体机从 1 挡开到 2 挡时，室内温度会有明显的改善。当从 2 挡升为 3 挡时，室内温度不会有较大的变化。

4）一年中，房间 1003 全热新风一体机运行时间为 5110 h，通过统计在三个挡位下运行时没有达到设定温度的小时数（见表 4-22）表示室内舒适性，可以直观简略地看出室内舒适性随着制冷、采暖量、风速变化的情况。

表 4-22 舒适度与设定温度未达到的时间

挡位	采暖未达到设定温度时间/h	制冷未达到设定温度时间/h
1	219. 33	86. 83
2	36. 33	14. 83
3	21. 83	14. 83

当挡位在 2 以后，在夏季制冷基本就能维持室内温度到 18 ~ 26 ℃ 范围内；在冬季时，1 挡到 2 挡对室内影响较大，2 挡到 3 挡制热效果大大降低。因此，仅从室内温度的变化考虑，房间 1003 全热新风一体机在夏季因开 2 挡、冬季开 3 挡，才能尽可能使室内温度在设定温度范围内。

（2）统计房间 1003 在三个不同挡位下在一年内（1 月 1 日—12 月 31 日）的湿度，如图 4-23 所示。

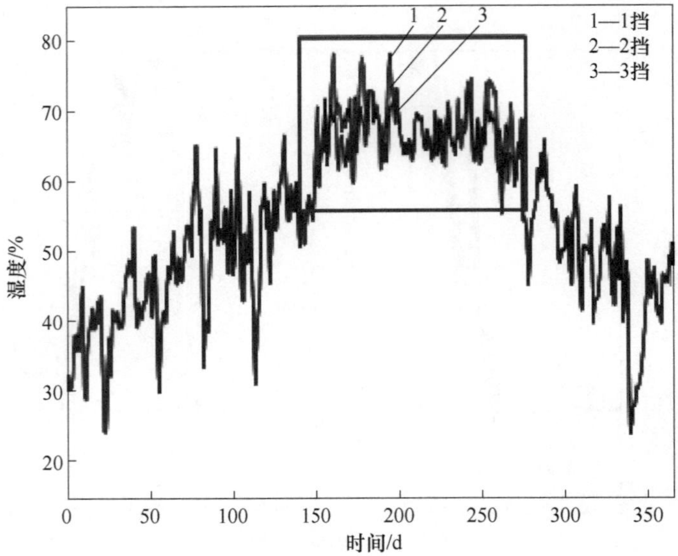

图 4-23 彩图

图 4-23　一年内各挡位的湿度变化

可以看出，在冬季时制热功率的大小对室内湿度几乎没有影响，在夏季图 4-23 中的第 150~270 日（6—9 月）制冷功率越高，室内湿度越低。

（3）输出房间 1003 全年的空调、采暖、风机能耗见表 4-23。

表 4-23　房间 1003 全年能耗统计　（kW · h）

挡位	采暖能耗	制冷能耗	风机能耗	室内照明能耗	总能耗
1	305. 25	618. 37	106. 95	128. 13	1158. 70
2	356. 56	773. 01	107. 18	128. 13	1364. 88
3	421. 61	967. 14	108. 63	128. 13	1625. 51

可以看出，随着挡位升高，风机能耗以及室内照明能耗并未改变，采暖能耗与空调能耗呈上升趋势。为进一步辨识制热量、制冷量与采暖、空调能耗之间的关系，绘制热回收模式下供暖能耗随制热量变化（见图 4-24），制冷能耗随制冷量变化如图 4-25 所示。

通过图 4-24 和图 4-25 可以明显看出，供暖与制冷能耗与热回收模式的制热量、制冷量呈线性关系。

（4）室内 CO_2 浓度将会影响室内微环境，CO_2 浓度过高会对人体产生不良影响。当 CO_2 浓度大于 0. 5%时，人体开始感觉头痛、嗜睡、目光变得呆滞、视

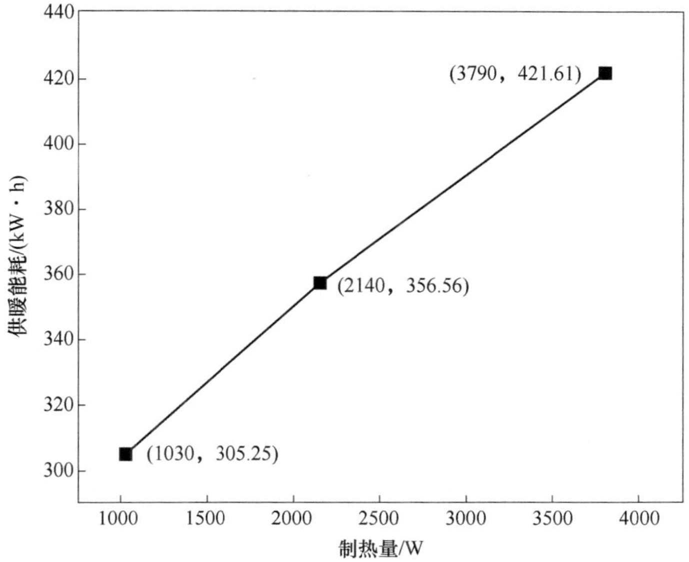

图 4-24 热回收模式下供暖能耗随制热量的变化

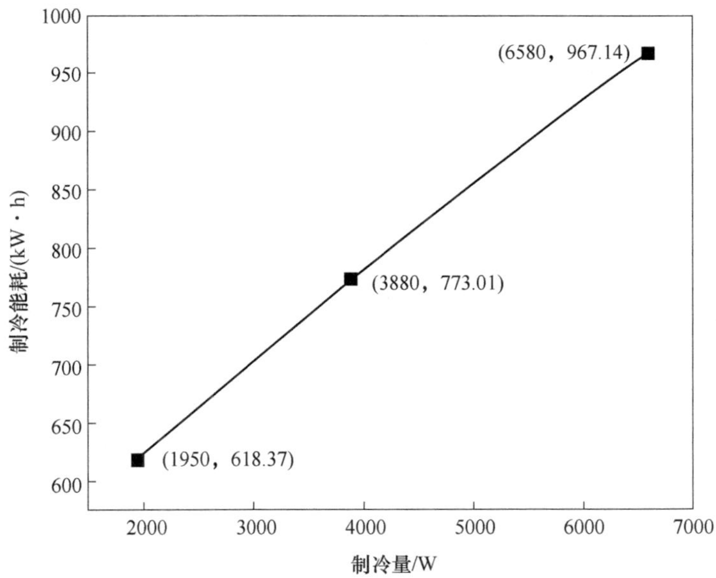

图 4-25 热回收模式下制冷能耗随制冷量的变化

线无法专注，为了供氧，心跳也会加快并伴有轻微的恶心感；当 CO_2 浓度大于5%时，可能会由于长期脑部供氧不足，致使脑部永久性损伤，出现昏迷甚至死亡。

因此，良好的室内通风或者机械换气降低室内二氧化碳浓度，对人的健康及生命安全有着重要的作用。

在不考虑燃气泄漏等意外情况下，室内换气次数设为每小时一次，统计房间1003各挡位全年室内二氧化碳浓度（见图4-26，从1月1日—12月31日），可见室内二氧化碳浓度均为 $350\times10^{-4}\%\sim1000\times10^{-4}\%$，完全满足人体需求。

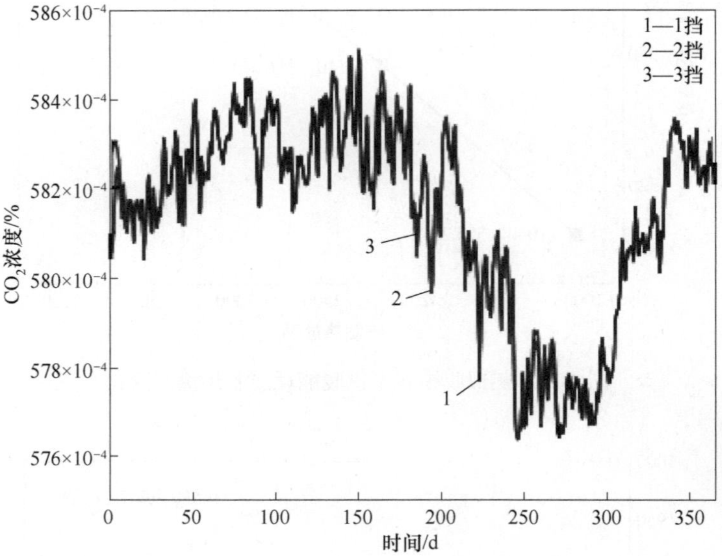

图4-26彩图

图4-26　热回收模式下 CO_2 浓度在一年中随时间的变化

4.5 遮阳及控制方式对装配式被动房动态热工性能的影响

炎热的夏季，在全年之中也是太阳辐射最强的季节，遮阳措施能够抵挡部分辐射进入室内，防止室内温度快速升高，减少空调能耗，因此遮阳是夏季隔热最有效的措施。

建筑遮阳方式大体分为外遮阳和内遮阳，外遮阳又分为水平遮阳、垂直遮阳、混合遮阳、挡板遮阳四种。内遮阳的主要遮阳物为窗帘、窗纱。

窗帘是主要的内遮阳方法，可以有效避免太阳光线直射室内，能有效降低房间一定进深的温度，但是本身的热辐射释放均在室内窗户附近，因此不仅阻挡了室内光线，降低了室内光照度，还会在窗户边形成热量集中。窗纱阻挡太阳辐射能力弱，能够使室内有充足的光线，但隔离辐射力弱，室内整体温度偏高，随外界温度的变化而波动范围大。

为了便于分析，设定围护结构墙体保温材料为石墨聚苯板（150 mm），建筑朝向为南偏西 22.5°，得到房间 1003 全年（1 月 1 日—12 月 31 日）的自然室温如图 4-27 所示。

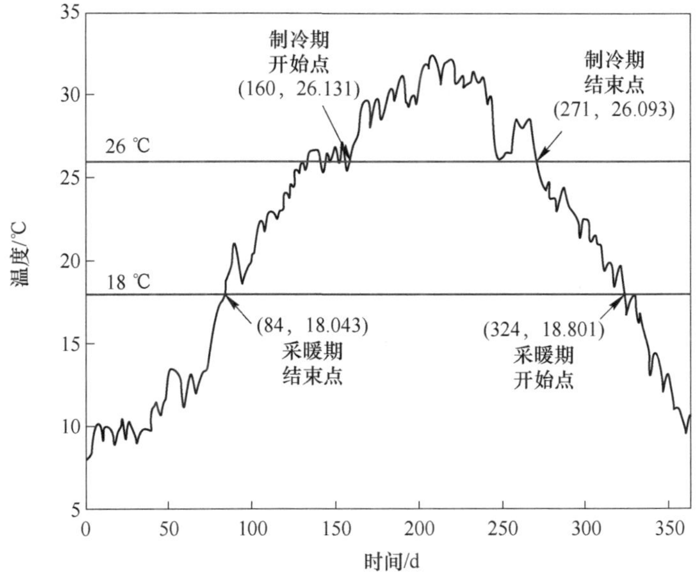

图 4-27 彩图

图 4-27 房间 1003 全年自然室温变化

由图 4-27 可知，在第 160~271 天期间，即 6—9 月时间段，室内自然室温高于 26 ℃，主要原因是该时间段为夏季炎热时期，太阳光强烈、辐射高，因此夏季主要的降温措施为遮阳，加大通风。1—3 月与 10—12 月期间室温小于 18 ℃，因此该时间段应尽量提供太阳光，提升室内温度。

太阳相对位置每天不断变化，但是建筑外遮阳板是固定不变的，所以在设置遮阳时，应充分考虑太阳高度角和方位角的变化，选择合理的外部遮阳方式及尺寸，使得在全年中遮阳效果最好。统计 2020 年成都市春分日、夏至日、秋分日、冬至日 7:00~20:00 太阳方位角与高度角见表 4-24。

表 4-24　2020 年成都市春分日、夏至日、秋分日、冬至日 7:00~20:00 太阳方位角与高度角

（°）

时间	春分日（3 月 20 日）		夏至日（6 月 21 日）		秋分日（9 月 22 日）		冬至日（12 月 21 日）	
	方位角	高度角	方位角	高度角	方位角	高度角	方位角	高度角
7:00	89	−2	69	11	90	1	110	−12
8:00	96	11	75	23	98	14	117	0
9:00	105	23	82	36	107	26	126	11
10:00	115	35	88	48	118	38	136	21
11:00	128	46	97	61	132	49	148	29
12:00	148	55	112	74	154	57	163	34
13:00	175	59	170	83	182	60	179	36
14:00	203	57	243	76	209	56	196	34
15:00	225	50	261	64	230	48	211	29
16:00	241	40	270	51	244	37	224	21
17:00	252	28	277	38	254	25	234	12
18:00	261	15	283	25	263	12	242	1
19:00	269	3	290	13	271	0	249	−11
20:00	276	−11	297	1	278	−14	256	−24

根据统计数据作出夏至日早上 7:00 到晚上 8:00 的太阳运动轨迹图如图 4-28 所示。

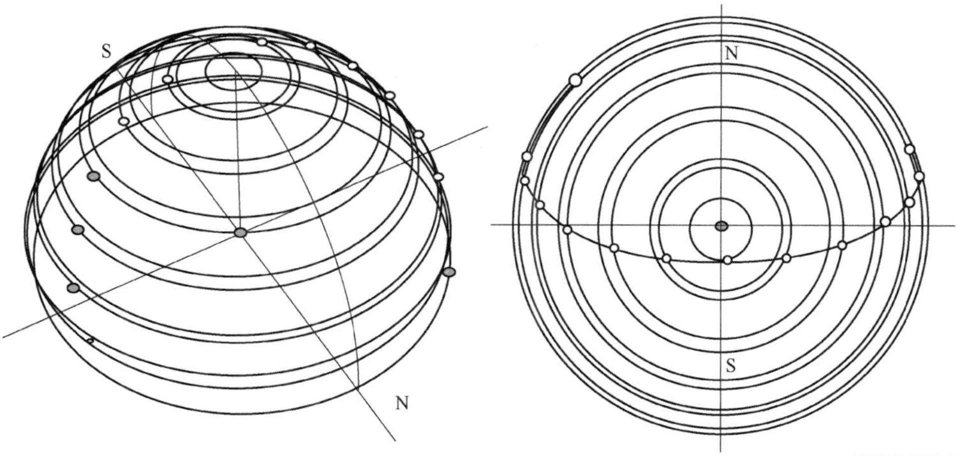

(a) (b)

图 4-28 太阳（夏至日 7:00~20:00）运动轨迹图
（a）立体图；（b）平面图

图 4-28 彩图

4.5.1 水平遮阳板尺寸的确定及对室内热工性能的影响

水平遮阳主要是将遮阳板水平放置于窗户上沿（见图 4-29），主要参数有遮阳板长度 $L=L_1+2\times L_2$、宽度 d，窗户高 a、宽 b，遮阳板与窗户距离 h。水平遮阳主要与太阳高度角有关，一天中，室内温度最高时间段为 9:00~17:00，该段时间段春分日高度角范围为 23°~59°，夏至日高度角范围为 36°~83°，秋分日高度

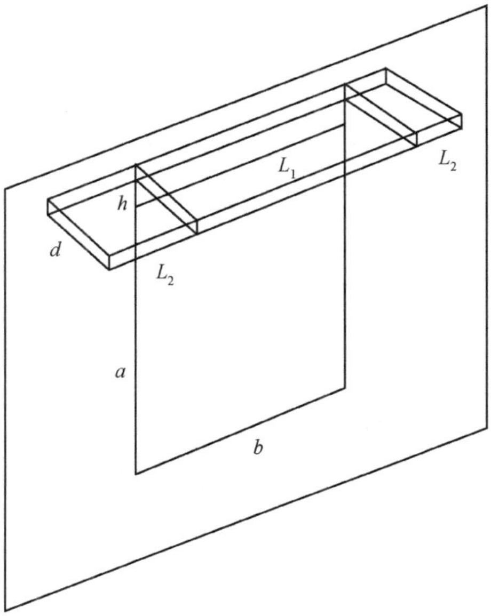

图 4-29 水平遮阳板示意图

角范围为 26°~60°，冬至日高度角范围为 11°~36°。整合这些角度数据，使得高温时间段 6—9 月遮阳效果最好，由此经分析取太阳高度角 α 范围为 60°~83°，如二维码中彩图 4-30 中的红色区域。

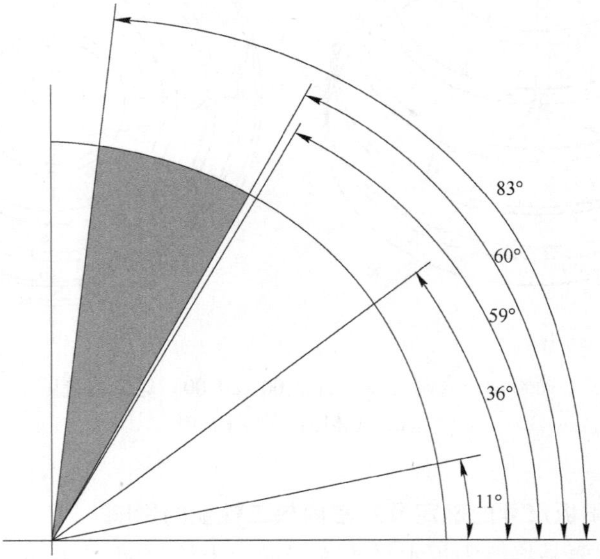

图 4-30 彩图

图 4-30　各季节（9:00~17:00）太阳高度角变化范围

4.5.1.1　遮阳板宽度 d 的确定

已知太阳高度角 α 范围，可以计算出窗户遮阳范围，计算公式为：$H_{遮阳}=\tan\alpha\times d$，代入计算得：$1.73\times d<H_{遮阳}<3.88\times d$。

通过建筑平面图可知，南立面窗户高度均为 1900 mm，北立面窗户高度既有 1600 mm 的，也有 1900 mm 的，西、东立面为两扇厕所窗户不考虑其中。在最炎热时间，仅考虑满窗遮阳，示意图如图 4-31 所示。

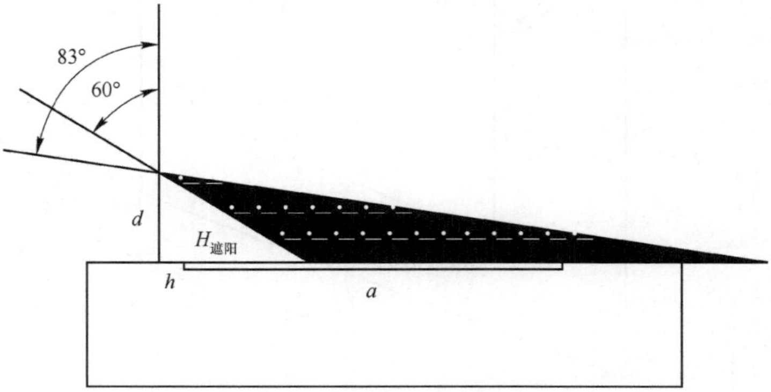

图 4-31　水平遮阳示意图

（1）当 $h=0$，$a=1.6$ m 时，$H_{遮阳}\geqslant a$，即 $H_{遮阳}=\tan\alpha\times d>1.6$。

$d>1.6/\tan\alpha$（$60°\leqslant\alpha\leqslant 83°$），则 $d>925$ mm，或者 $d>412$ mm。

（2）当 $h=0$，$a=1.9$ m 时，$H_{遮阳}\geqslant a$，即 $H_{遮阳}=\tan\alpha\times d>1.9$。

$d>1.9/\tan\alpha$（$60°\leqslant\alpha\leqslant 83°$），则 $d>1098$ mm，或者 $d>490$ mm。

当窗户为半遮阳时，太阳高度角为 arctan0.865≈41°，也就是当说 $\alpha\geqslant 60°$ 时为全遮阳；当 $41°\leqslant\alpha<60°$ 时，遮阳部分超过窗户的一半；当 $\alpha\leqslant 41°$ 时，遮阳部分不足窗户一半。在夏季白天 14 h 中，遮阳占比如图 4-32 所示。

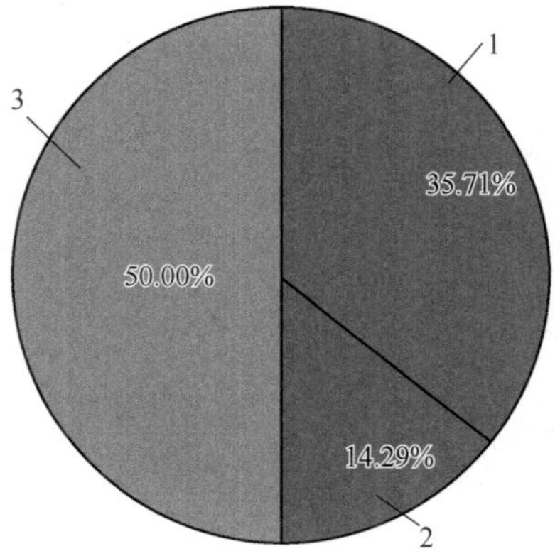

图 4-32 夏季白天 14 h 遮阳占比

1—全遮阳；2—超半遮阳；3—遮阳不足一半

图 4-32 彩图

建筑一般层高为 3 m，遮阳板宽 0.925 m 或者 1.098 m 不仅不符合建筑美学设计，还会因为遮阳板过增加掉落的重大安全隐患。因此结合工程实际，不宜采取。

（3）当 $d=490$ mm 时，以此为遮阳板宽度，半窗遮阳太阳高度角为 65°，相对于全遮阳的 60°来说，仅大 5°。相对于宽度为 1.098 m 的全遮阳却仅少了 1 h，且此时太阳光线进深为 0.735 m；为了进一步遮阳，可以选择内遮阳结合，达到降低室温的效果。因此当窗高为 1.9 m 时，遮阳板宽度为 0.49 m；当窗高为 1.6 m 时，遮阳板宽度为 0.412 m。

4.5.1.2 遮阳板距窗户高度 h 的确定

遮阳板距窗户高度主要作用是在冬季使更多的光线进入室内，达到室内不少于 3 h 的满窗照射，以 3 h 为最低标准。在冬至时，太阳高度角最低前三分别为 0°、1°、11°，要使这 3 h 为全窗照射，当窗高为 1.9 m 时 $h\geqslant 93.1$ mm，当窗高为 1.6 m 时 $h\geqslant 78.3$ mm。

4.5.1.3　遮阳板长度 L_1 计算

由于窗户两侧对阳光敏感度低，且仅抵挡侧向光线，抵挡小部分斜射入室内光线，因此取 $L_2=d$，即 $L_1=2L_2+a=2d+a$。

4.5.1.4　水平遮阳板设置影响分析

将房间 1003 各窗户上根据窗高，设置对应水平遮阳板尺寸，厚度均选 50 mm，如图 4-33 所示。

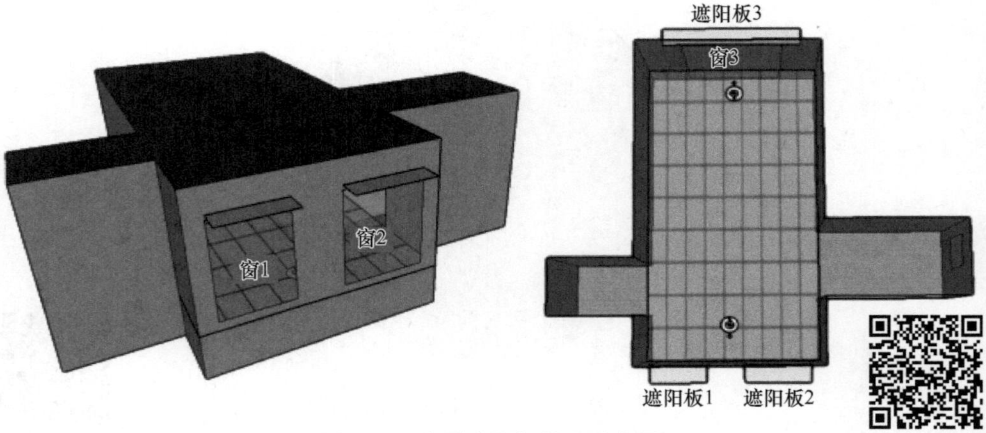

图 4-33　水平遮阳板设置示意图

图 4-33 彩图

设置窗 1 对应的遮阳板 1 与窗 2 对应的遮阳板 2 尺寸均为 1400 mm×412 mm×50 mm，窗 3 对应的遮阳板 3 尺寸为 3022 mm×412 mm×50 mm。在全热新风一体机开启 2 挡的情况下，导入遮阳板参数，房间 1003 模拟的全年各能耗统计结果见表 4-25。

表 4-25　房间 1003 全年各能耗统计

是否有水平遮阳	有	无
采暖能耗/(kW · h)	390.09	356.56
制冷能耗/(kW · h)	679.30	773.01
室内照明能耗/(kW · h)	198.48	128.13
风机能耗/(kW · h)	95.51	107.18
总能耗/(kW · h)	1363.37	1364.89

通过表 4-25 可以看出，有水平遮阳板的采暖能耗高于无遮阳板，而空调能耗却相反，这也就说明水平遮阳板能够遮挡大部分阳光，使得室内温度降低，如图 4-34 所示。在无全热新风一体机参与时间段内，有水平遮阳板室内温度总是

低于无水平遮阳板温度。但是，有水平遮阳板夏季空调能耗节约程度远大于增加的采暖能耗。

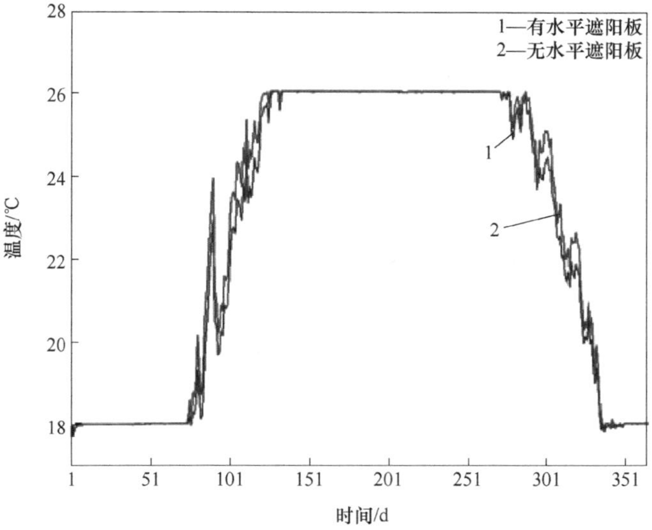

图 4-34 彩图

图 4-34　房间 1003 有无水平遮阳板全年温度

除此之外，有水平遮阳板的室内照明能耗上升，总体来说有水平遮阳的总能耗略低于无水平遮阳。

统计炎热夏季 6—9 月时间段的 PMV 值（见图 4-35）可知，水平遮阳板在夏季能够很好地降低室内温度，节约空调能耗，室内舒适度会提高。

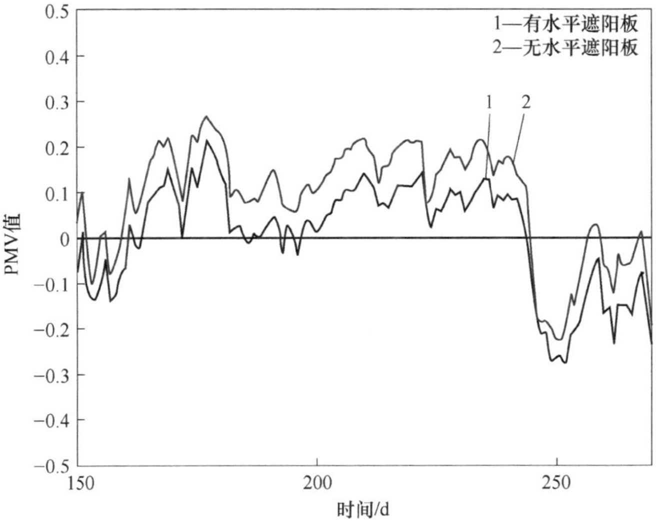

图 4-35 彩图

图 4-35　房间 1003 有无水平遮阳板的 PMV 值（6—9 月）

4.5.2　垂直遮阳的必要性及对室内的影响

垂直遮阳主要是将遮阳板垂直放置于窗户两侧或单侧，如图 4-36 所示。主要参数有遮阳板长度 $L=L_1+L_2+a$，遮阳板宽度 d，窗户高 a、宽 b，遮阳板与窗户距离 h。垂直遮阳主要与太阳方位角有关，一天中温度最高时间段为 9:00~17:00，该段时间春分日方位角范围为 105°~252°、夏至日方位角范围为 82°~277°、秋分日方位角范围为 107°~254°、冬至日方位角范围为 126°~234°；整合这些角度，使得高温时段 6—9 月遮阳效果最好，由此经分析取太阳方位角范围为西偏北 0°~17°、西偏南 0°~8°、东偏北 0°~18°、东偏南 0°~7°，如二维码中彩图 4-37 的红色区域。

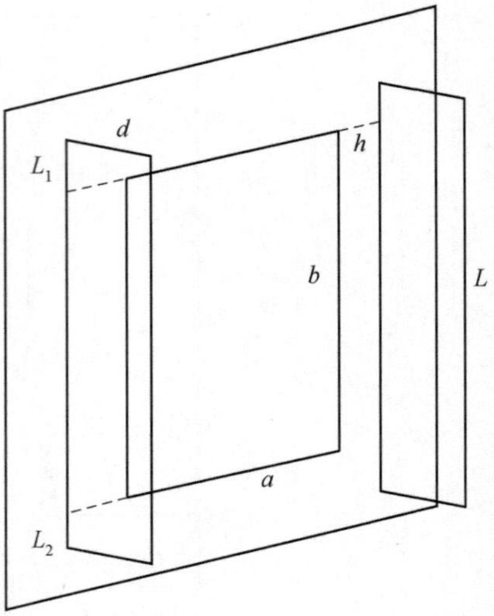

图 4-36　垂直遮阳示意图

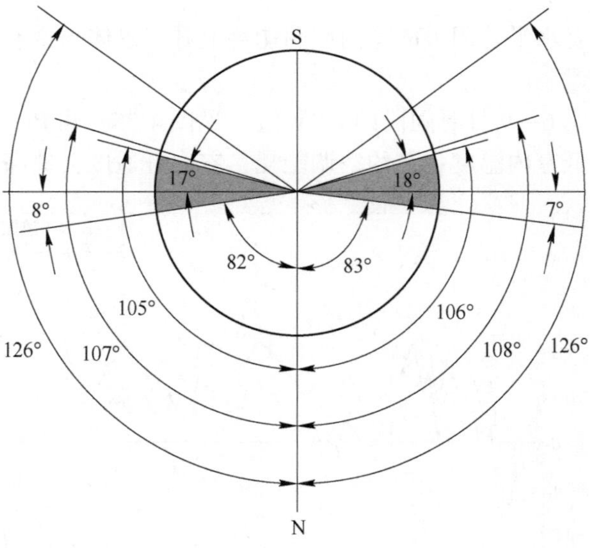

图 4-37 彩图

图 4-37　各季节（9:00~17:00）太阳方位角变化范围

由表 4-24 的太阳高度角和方位角的统计可知，在夏至日、秋分日时，一天最热的时间点太阳的方位角范围分别为东偏北 0°~18°和东偏南 0°~7°，因此仅考虑此方位角范围的垂直遮阳。

已知建筑朝向为南偏西 22°，则该建筑北侧太阳方位角夹角范围为 15°~40°，满窗时对应的垂直遮阳板宽度 d 如图 4-38 所示。

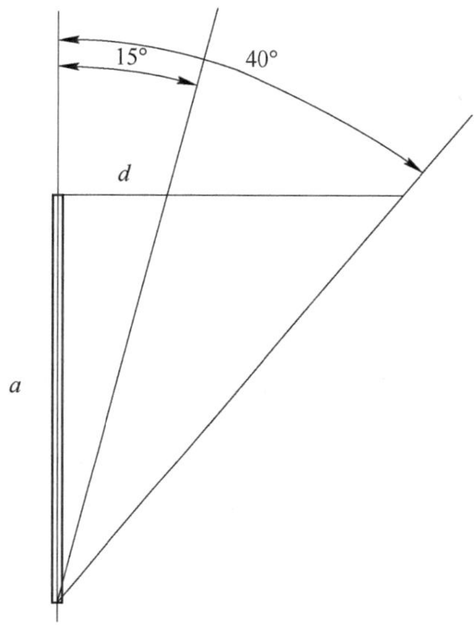

图 4-38 垂直遮阳板的宽度与方位角关系

北侧窗户垂直遮阳板宽度范围为 $\tan15° \times a \sim \tan40° \times a$。由图 4-28 夏至日成都市太阳运动轨迹图可知，太阳在一天中最热时间为 10:00~17:00，起主要作用的是水平遮阳，在此时间段内设置垂直遮阳板反而会阻挡光线进入室内，因此可不设垂直遮阳板。

综上所述，夏热冬冷地区不适合设置垂直遮阳措施。

4.5.3 内遮阳

内遮阳主要方式有窗帘遮阳和窗纱遮阳，两者都能调节室内光线，既能为室内活动提供隐秘保护，也能调整窗外视觉、保护家具不受日光照射，使用较厚的呢类、绒类布料的窗帘，能隔绝减弱室外噪声进入，在一定程度上有遮声防噪的作用。

白天客厅是主要活动场所，且白天客厅的窗帘使用率极低，因此白天 9:00~19:00 仅对客厅设置窗纱，其余时间使用窗帘和窗纱。以房间 1003 为例，输出使用窗纱前后在客厅活动时间段全年的室内温度、空调能耗、照明能耗进行对比。

常用窗帘的参数见表 4-26，常用窗纱参数见表 4-27，将参数对应输入 EnergyPlus 中进行模拟。

表 4-26 常用窗帘参数

太阳能透过率	0.075	红外光半球发射率	0.15
太阳能反射率	0.7	红外光透过率	0.41
可见光透过率	0.032	厚度/m	0.0004
可见光反射率	0.5	导热率/[W·(m·K)$^{-1}$]	0.1

表 4-27 常用窗纱参数

漫射太阳能反射率	0.7	窗纱材料的间距/m	0.0002
漫射可见光反射率	0.068	窗纱材料直径/m	0.0001

因为有全热新风一体机的参与，所以室内的温度变化非常小，整体上看添加了内遮阳的室内温度会比未添加内遮阳的室内温度高。当温度变化不明显时，可以采用全年的采暖空调能耗反映内遮阳在冬夏季节对室内温度的影响。此外，使用室内照明能耗表示全年室内光照度，各能耗统计见表 4-28。

表 4-28 有无内遮阳下全年室内各能耗统计

有无内遮阳	有	无
采暖能耗/(kW·h)	384.10	361.66
制冷能耗/(kW·h)	700.50	756.15
室内照明能耗/(kW·h)	185.34	129.89
风机能耗/(kW·h)	102.24	106.80
总能耗/(kW·h)	1372.18	1353.77

通过表 4-28 可知，当室内添加内遮阳时，冬季采暖能耗增加，夏季空调能耗降低，说明设置内遮阳相当于在围护结构上增加了“保温材料”，使得房间的保温性能提升，然而，全时间段遮阳也会在阳光弱的时间段降低室内采光效果，从而增加室内采光能耗。

为研究内遮阳参数改变对室内空调能耗的影响，改变窗纱“Diffuse solar reflectance”数值为 0.5、0.6、0.8、0.9，其余参数不变。通过模拟发现“Diffuse solar reflectance”数值大小对室内采光效果没有影响，对室内温度却有影响。随着“Diffuse solar reflectance”数值的增加，室内保温效果增强。

当改变“Diffuse visible reflectance”数值为 0.04、0.05、0.07、0.08、0.1，其余参数不变时。通过模拟发现，“Diffuse visible reflectance”数值大小对室内温度、湿度、PMV、各能耗影响微乎其微，但是冬季室内光照强度会随着“Diffuse visible reflectance”数值的增加而略微增大。

4.6 窗墙比对装配式被动房动态热工性能的影响

建筑每个方向的窗墙比会因室外气象条件的差异而不同，参考《民用建筑热工设计规范》（GB 50176—1993）中的规定，为研究成都市的最适窗墙比，将房间 1003 窗墙比设为 0.20、0.25、0.30、0.35、0.40 五种，比较各窗墙比下室内温度、能耗的变化。

统计各窗墙比全年（1 月 1 日—12 月 31 日）室内温度如图 4-39 所示。由图 4-39 可知，随着窗墙比增大，室内温度在夏季随之升高，且温度变化较大，而在冬季室内温度变化较小。

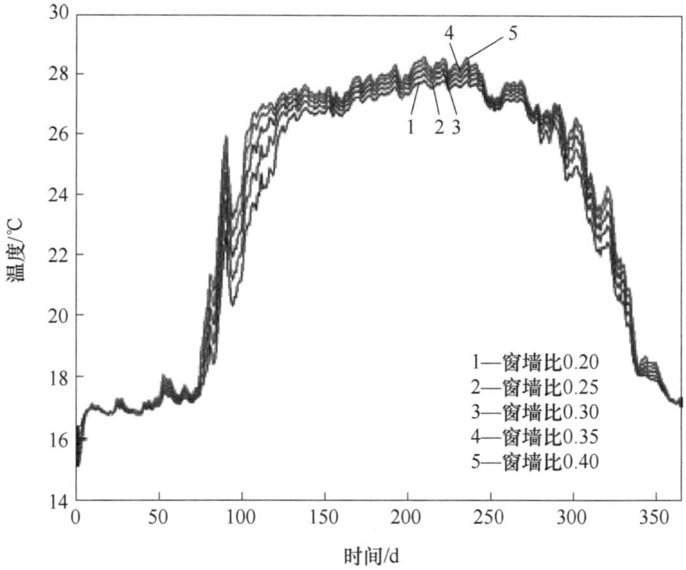

图 4-39 彩图

图 4-39　房间 1003 在各窗墙比下全年室内温度变化

统计房间 1003 在各窗墙比下的制冷、加热未达到设定点的时间，见表 4-29。

表 4-29　房间 1003 在各窗墙比下的制冷、加热未达到设定值时间统计

窗墙比	0.20	0.25	0.30	0.35	0.40
加热未达到设定值的时间/h	40.17	44.83	44.00	50.50	56.33
制冷未达到设定值的时间/h	13.17	14.83	16.17	17.67	19.67
总时长/h	53.34	69.66	60.17	68.17	76.00

通过表 4-29 明显看出，制冷未达到设定值的时间随着窗墙比的增加而增加，制热未达到设定值的时间在窗墙比为 0.30 时出现突然下降，全年未达到设定值

的时间也是在窗墙比为 0. 30 时出现突变。

统计房间 1003 不同窗墙比对应的各项能耗，见表 4-30。

表 4-30　房间 1003 在各窗墙比下的能耗统计

窗墙比	0. 20	0. 25	0. 30	0. 35	0. 40
采暖能耗/(kW · h)	376. 90	358. 67	341. 03	324. 72	310. 45
制冷能耗/(kW · h)	703. 68	801. 84	871. 45	935. 40	989. 67
室内照明能耗/(kW · h)	130. 65	132. 53	129. 95	127. 07	127. 44
风机能耗/(kW · h)	114. 52	130. 52	142. 87	154. 09	163. 60
总能耗/(kW · h)	1325. 74	1423. 55	1485. 30	1541. 28	1591. 16

由表 4-30 可知，随着窗墙比增加，采暖能耗及室内照明能耗呈降低趋势；空调能耗、风机能耗以及总能耗均呈增加趋势；窗墙比的变化对夏季的室内空调制冷能耗影响最大，对室内照明及冬季的采暖能耗影响较小。

窗墙比会影响围护结构的气密性、保温性及隔热性。在夏热冬冷地区，夏季良好的通风、隔热与冬季良好的保温非常重要，但是两者却互为矛盾，因此需要根据建筑具体的朝向确定各方向的窗墙比。由于冬季与夏季的太阳运动轨迹不同，因此在建筑南侧一般采用较大窗墙比，有利于采光。

5 夏热冬冷地区装配式被动房围护结构的节能潜力

建筑围护结构是室内外的分界线，影响着室内的居住环境，适宜的构造形式能有效降低建筑能耗，实现节能目的，因此对建筑的节能设计意义重大。本章对成都市装配式被动房围护结构节能潜力进行研究，有助于最佳结构形式在夏热冬冷地区的其他城市推广。

5.1 装配式被动房保温通用技术

在装配式被动房中，其外围护结构广泛采用装配式体系，关键节点主要集中在外围护结构上。装配式建筑目前面临的最大挑战，在于如何精确处理墙体与墙体、墙体与屋面、墙体与外窗，墙体与地基等复杂缝隙与洞口的连接问题。装配式被动房建造保温的通用技术要点如下。

（1）选择合适的保温材料。装配式被动房选择的保温材料应符合建筑热工传热传湿机理，需要满足轻质化、耐久性以及易拆卸等特性，同时选择导热系数小的保温材料提升保温效果。

（2）确保保温层的连续性、密封性和防潮性。在施工过程中，应保证保温层的连续性，确保保温层没有空洞或空腔，尽量采用企口板并保持良好的粘贴效果，如果产生了空腔应立即堵塞或打泡沫胶进行封堵。同时，考虑到水分蒸发和空气循环的问题，还应适当设置通风口和防潮层，以避免潮湿环境对保温效果的影响。

（3）加强保温层与结构之间的连接。保温层需要牢固地附着到主体结构上，以确保整个建筑具备良好的保温性能和持久性。在施工中，应选用合适的连接件，或通过可靠的连接方式（如焊接、螺栓连接等），依据设计要求进行正确安装，确保保温层与主体结构的协同工作。

（4）断热桥处理。断热桥处理是保温层施工的一个重要环节，在装配式建筑的保温层施工中，需要特别注意窗户节点、楼板与外墙连接处等热桥效应，并采取相应的措施进行处理。例如，使用不可燃岩棉条在窗户上部制作防火隔离带；在连接处应使用专用的密封材料，确保连接紧密无缝隙；在保温材料的铺设过程中，应确保材料贴合紧密，无空鼓、脱落等现象；在热桥部位通过增加保温材料的厚度，使用多层保温结构来进行断热桥处理。

（5）优化保温气密节点施工。对于装配式被动房，保温气密节点的处理也是一项关键技术，包括 PC 墙板拼缝节点、外窗节点、穿墙管道节点、PC 复合外挂板连接件节点、墙柱节点等部位的保温气密处理。通常采用适当的材料和工艺，确保这些节点的气密性和保温性能。在施工中，选择具有优良密封性能的材料，如硅酮密封胶、聚氨酯密封剂等，避免出现空鼓、脱落等问题，以确保节点处的气密性。

5.2 装配式被动房外墙的节能潜力分析

在建筑围护结构中，外墙是最重要的部分之一。它占据了建筑的较大面积，不仅对建筑能耗有巨大影响，而且直接关系到建筑成本。夏热冬冷地区常用的外墙保温形式主要包括外墙外保温、外墙夹心保温和外墙内保温。

5.2.1 装配式被动房外墙的构造

5.2.1.1 外墙外保温构造

外墙外保温通常是指在墙体与室外接触一侧采用粘贴、喷涂等方式配置保温材料的一种构造形式。通常而言，外墙外保温节能体系由墙体、黏结层、保温层、防护层、饰面层等构成，是目前建筑中使用较多的一种保温体系。这种保温体系主要有下列优点。

(1) 保温层位于建筑墙体外侧，使得主体结构所受的温差作用和温度变形大幅度下降。此外，其构造形式使墙体具有更大热惰性和更强的蓄热能力，有助于热量储存。

(2) 降低了冷（热）桥的发生概率，墙体内表面不易出现结露、冷凝现象，对结构墙体起到保护了作用，有利于结构寿命的延长。

(3) 不占用建筑室内使用面积，且施工不影响室内作业，缩短工期。

(4) 保温材料安装在建筑外侧，一定程度上减少了外界温、湿度对主体带来的伤害，从而减少墙体开裂现象的发生，保护主体结构。

这种保温体系的缺点主要有以下几点。

(1) 保温层直接暴露在建筑外侧，长期经受日晒雨淋、温差影响，对保温材料的耐水性、耐腐蚀性等要求较高。

(2) 外保温结构长期暴露在恶劣的环境下，使得黏结与固定材料会有老化、松动的现象，存在开裂的危险及高空坠落的隐患，对施工要求较高，且后期维护不善会降低外保温的实际使用寿命。

(3) 外保温墙体外侧的防护能力差，不能适应建筑外立面变化多样的外装饰要求。特别是南方潮湿多雨气候地区，如大量的广告粘贴、空调外机等对外保温系统的破坏，或管道、电路等偶发漏电、滴水现象，易引发墙体渗漏、霉变等质量问题。

本节通过调研，选取了两种常见的外墙外保温构造（见表 5-1），其中外墙外保温 1 为设计建筑外墙构造。

表 5-1　外墙外保温常用构造示例

构　造	构造例图
外墙外保温构造 1： 20 mm 水泥砂浆 +20～200 mm 保温层 +120 mm 预制混凝土墙板 +20 mm 水泥砂浆	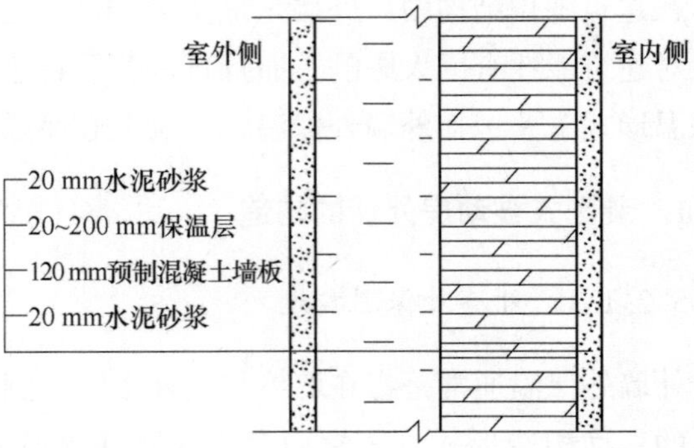
外墙外保温构造 2： 20 mm 水泥砂浆 +50 mm 细石混凝土 +20～200 mm 保温层 +120 mm 预制混凝土墙板 +20 mm 水泥砂浆	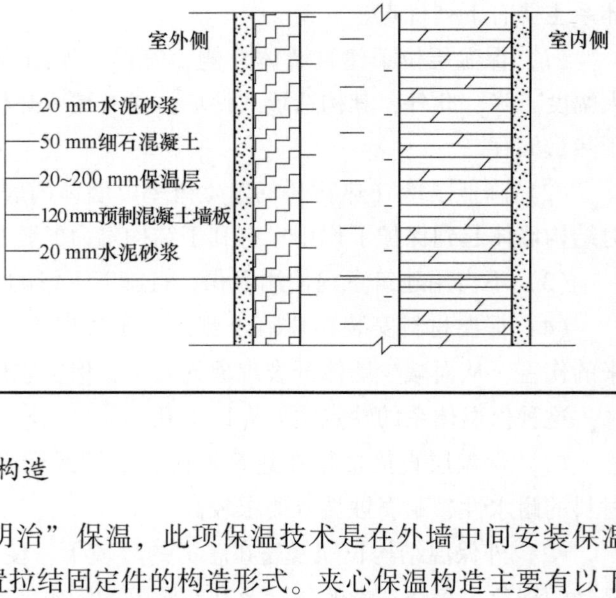

5.2.1.2　外墙夹心保温构造

外墙夹心保温又叫“三明治”保温，此项保温技术是在外墙中间安装保温材料，并在内外页墙中间设置拉结固定件的构造形式。夹心保温构造主要有以下优点：

（1）保温层位于墙体中间，不影响室内装修；

（2）墙体中间设置保温层，大幅度降低热桥影响，避免冷凝和结露现象，同时提高墙体的防水性和气密性，有效保护主体结构；

（3）夹心保温构造具有良好的耐久性和防火性，采用工厂预制可以缩短建造时间，施工过程方便。

夹心保温层的缺点主要有：

（1）对材料自身的性能和材料间的相容性要求较高；

（2）钢筋混凝土的墙体起承重作用，但是中间配置保温材料，降低了建筑的抗震性能；

（3）当室内外温差较大时，极易破坏墙体结构，使墙体产生变形，从而降低保温效果。

成都市常用的外墙夹心保温构造见表 5-2。

表 5-2 外墙夹心保温常用构造例图

构　造	构造例图
20 mm 水泥砂浆 +60 mm 预制混凝土外页墙板 +20~200 mm 保温层 +120 mm 预制混凝土内页墙板 +20 mm 水泥砂浆	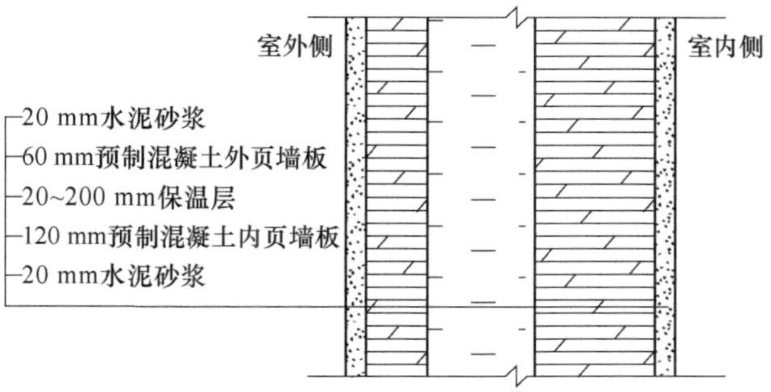

5.2.1.3 外墙内保温构造

外墙内保温就是在外墙结构内部做保温层，其主要优点如下：

（1）外墙内保温构造的保温层位于室内，不受室外恶劣气候影响，对保温材料的耐火、抗震、抗裂性能要求较低，有助于延长保温材料的使用寿命；

（2）施工简单，造价低；

（3）室内布置，更适合用于老旧建筑改造，施工方便。

外墙内保温的主要缺点如下：

（1）外墙内保温技术易出现热桥，且无法解决外墙内表面产生结露、发霉的问题；

（2）保温层布置在室内，减少了建筑使用面积，且不利于室内装修；

（3）昼夜温差直接作用于建筑结构，易造成损伤，不利于建筑外围护结构的保护。

成都市常见的外墙内保温构造见表 5-3。

表 5-3　外墙内保温常用构造例图

构　　造	构 造 例 图
20 mm 水泥砂浆 +120 mm 预制混凝土墙板 +20~200 mm 保温层 +20 mm 水泥砂浆	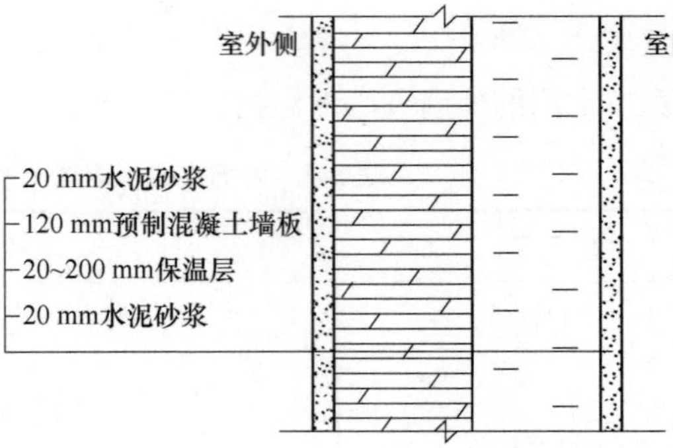

5. 2. 2　不同外墙构造的节能潜力

建筑节能效果不仅受到保温材料的影响，还会受不同构造的影响。本节根据上面选定的四种外墙构造，变换不同保温材料的厚度，对外墙外保温、夹心保温和内保温的节能效果进行分析，模拟结果如图 5-1~图 5-4 所示。

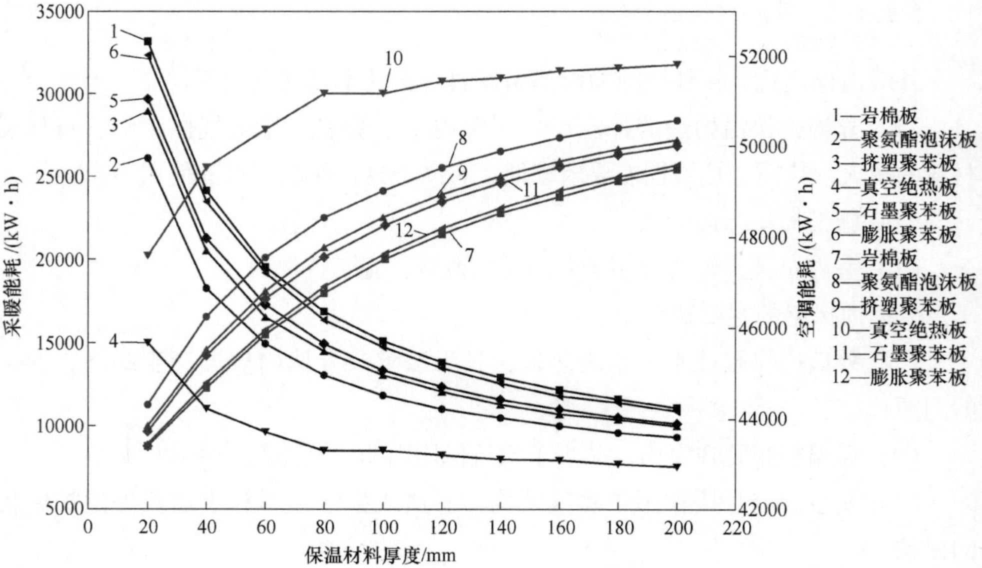

(a)

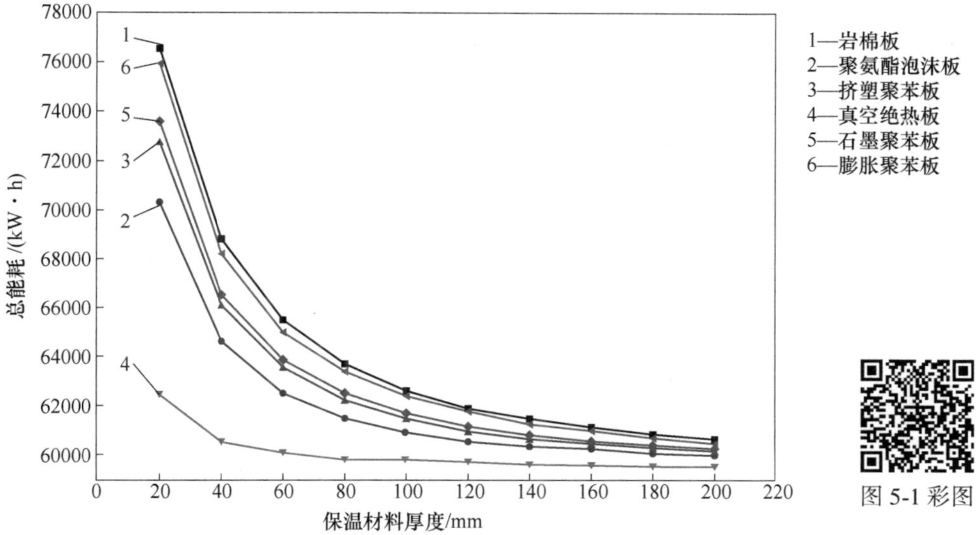

(b)

图 5-1 彩图

图 5-1　外墙外保温构造 1 的能耗变化曲线

（a）采暖能耗、空调能耗；（b）总能耗

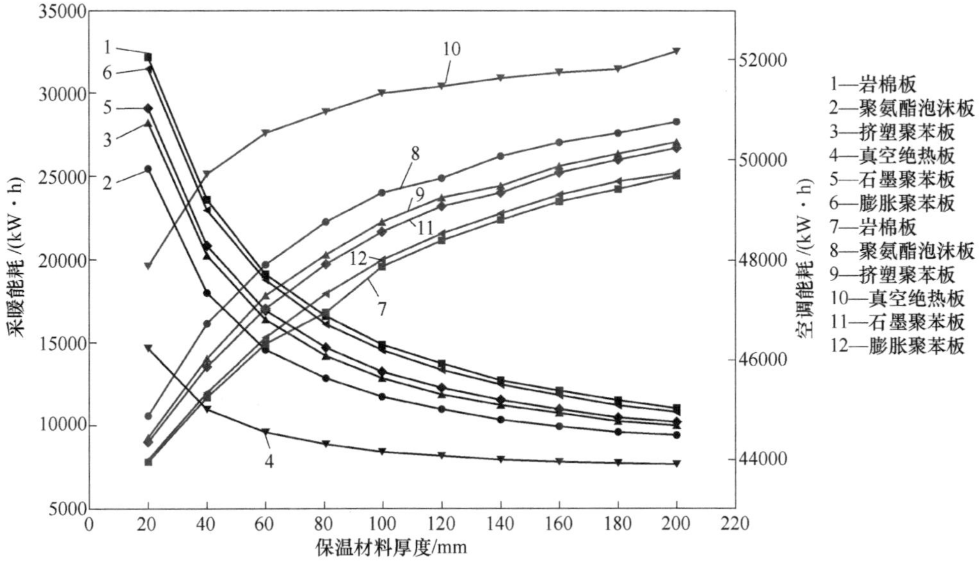

(a)

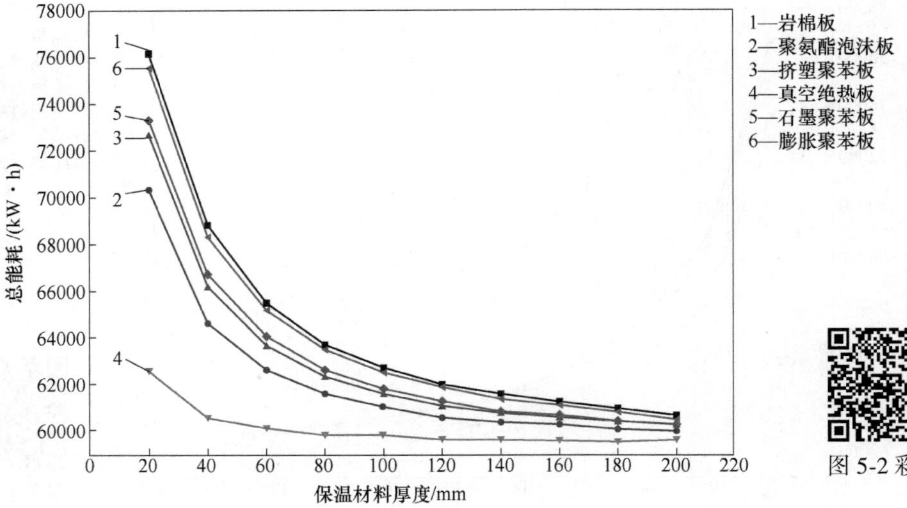

(b)

图 5-2 彩图

图 5-2　外墙外保温构造 2 的能耗变化曲线

（a）采暖能耗、空调能耗；（b）总能耗

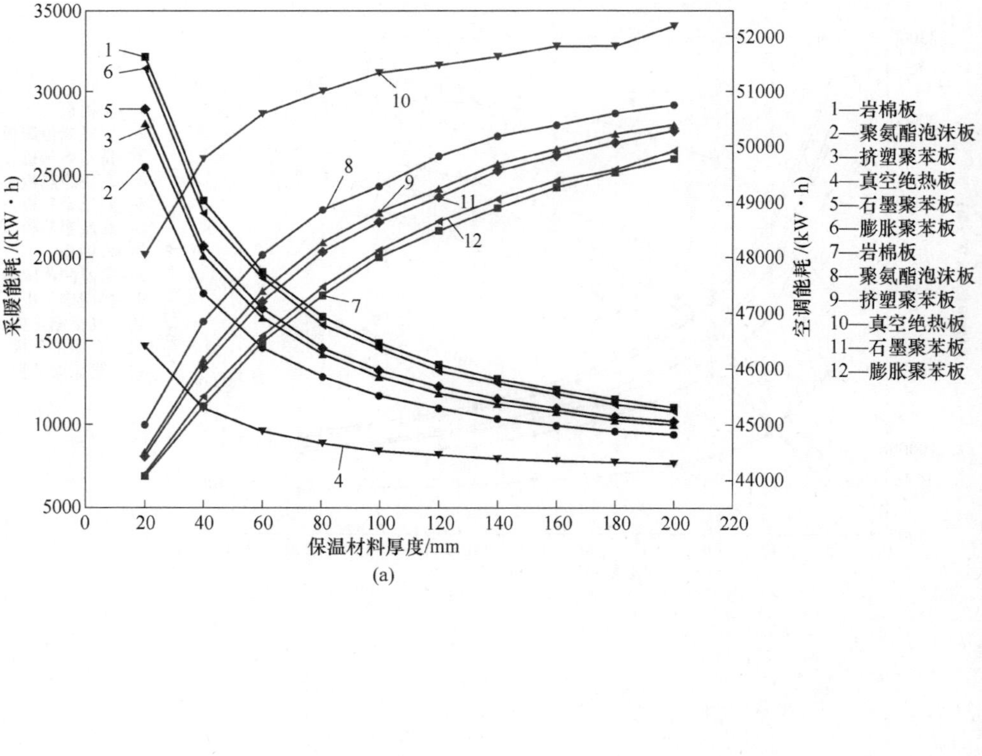

(a)

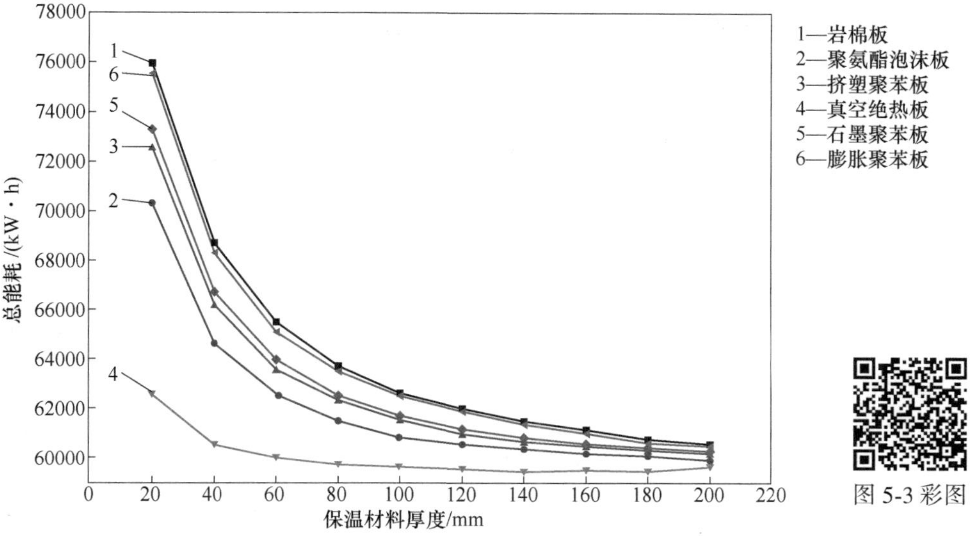

(b)

图 5-3 彩图

图 5-3　外墙夹心保温构造的能耗变化曲线

（a）采暖能耗、空调能耗；（b）总能耗

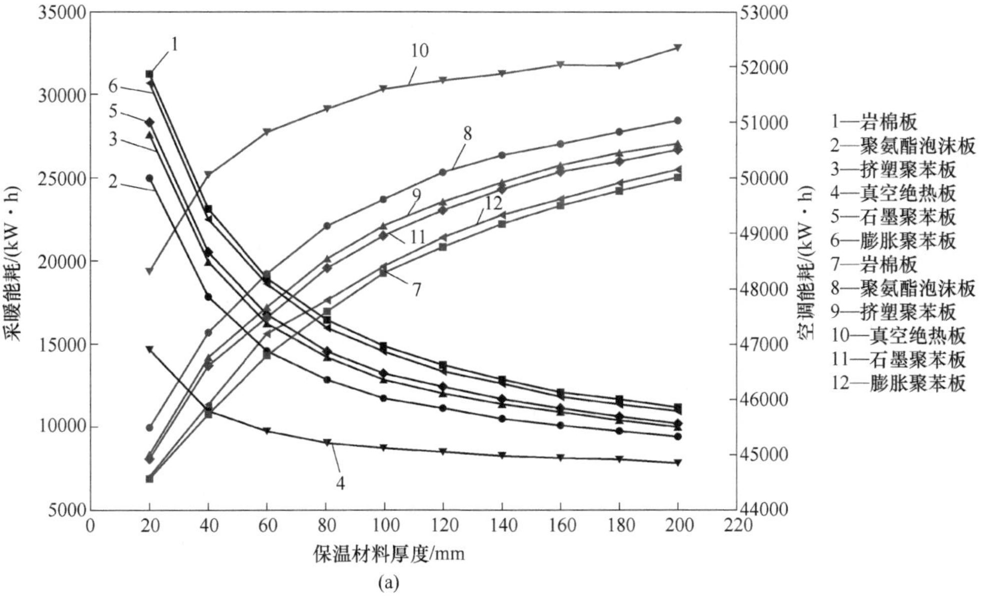

(a)

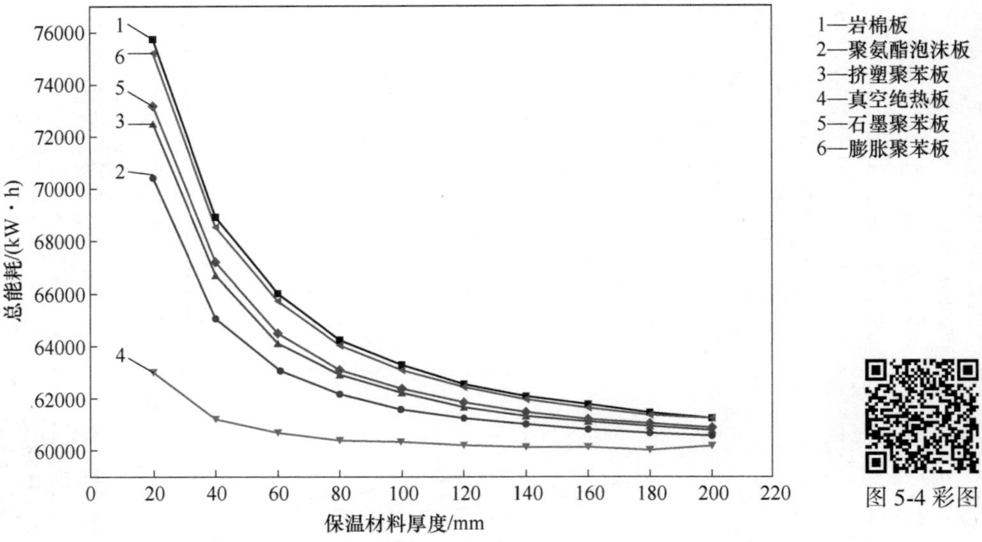

(b)

图 5-4 彩图

图 5-4　外墙内保温构造的能耗变化曲线

（a）采暖能耗、空调能耗；（b）总能耗

观察图 5-1～图 5-4，可得出以下结论。

5.2.2.1　保温材料的选择

若以采暖能耗最低为约束条件，保温材料的选择顺序依次是：真空绝热板>聚氨酯泡沫板>挤塑聚苯板>石墨聚苯板>膨胀聚苯板>岩棉板。

若以空调能耗最低为约束条件，保温材料的选择顺序依次是：岩棉板>膨胀聚苯板>石墨聚苯板>挤塑聚苯板>聚氨酯泡沫板>真空绝热板。

若以总能耗最低为约束条件，保温材料的选择顺序依次是：真空绝热板>聚氨酯泡沫板>挤塑聚苯板>石墨聚苯板>膨胀聚苯板>岩棉板，此规律和以采暖能耗最低为约束时的选择顺序一致，这是因为保温材料的导热系数直接影响建筑总能耗，保温材料的导热系数越小时散热量就越小，即与建筑采暖能耗和总能耗呈正相关、与空调能耗呈负相关。

5.2.2.2　构造的选择

夏热冬冷地区气候条件复杂，夏季和冬季都有较多的能耗需求，总能耗更能代表其建筑能耗水平。因此，以总能耗为主要影响因素进行不同外墙构造的选择。

以节能效果最佳的真空绝热板为例分析不同保温形式下的总能耗。由图 5-5 可知，在常见外墙构造中，相同保温材料厚度下，外墙做外保温节能效果最佳，依次是夹心保温和内保温。此外，对比外墙外保温 1 与外墙外保温 2 的两种构造，外墙外保温构造 2 在外墙外保温构造 1 的基础上加入 50 mm 细石混凝土，但建筑总能耗却比外墙外保温构造 1 的总能耗高，说明外墙厚度与建筑总能耗并不呈正相关。

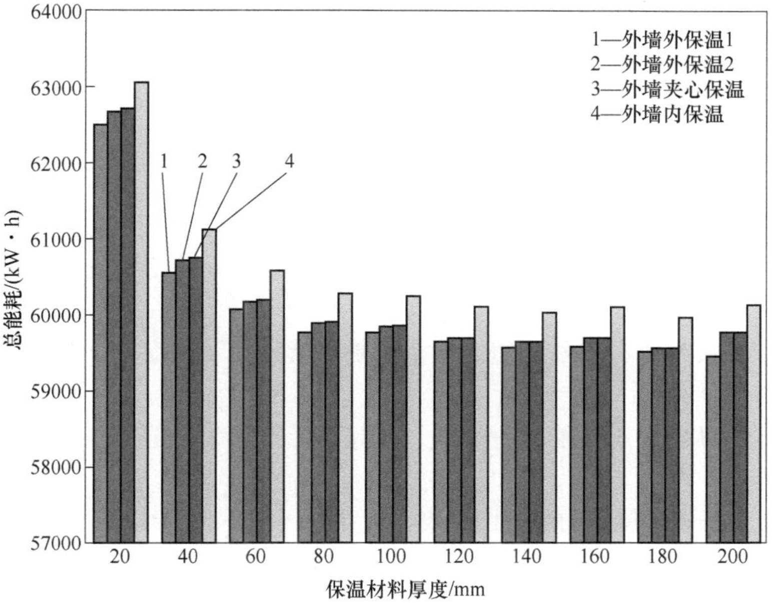

图 5-5 彩图

图 5-5 不同外墙构造下总能耗随 STP 的变化趋势

图 5-5 以节能效果最好的 STP 保温材料为例进行分析，当 STP 厚度在 80 mm 时，总能耗变化基本稳定。因此，以 STP 厚度为 80 mm 时计算各构造的 PMV，见表 5-4。

表 5-4 不同构造外墙 PMV 占比情况

外 墙 构 造	外墙外保温 1	外墙外保温 2	外墙夹心保温	外墙内保温
全年 PMV 在-0.5~0.5 的时间占比/%	75.40	74.59	74.62	73.54

在 PMV 舒适时间占比中，外墙外保温 1 表现更佳。

综上所述，在后续研究中选用外墙外保温构造 1（20 mm 水泥砂浆+20~200 mm 保温层+120 mm 预制混凝土板+20 mm 水泥砂浆）进行模拟研究。

5.3　装配式被动房的屋面节能潜力分析

5.3.1　装配式被动房的屋面构造

屋面是外围护结构的重要组成部分，其构造设计要在保证结构安全的同时，兼顾防水、保温、隔热等功能。按照保温层的设置位置，可以将屋面分为正置式和倒置式。

5.3.1.1　正置式屋面保温

正置式屋面即传统屋面构造做法，是指保温隔热层位于防水层下方的保温屋面。正置式屋面的优点主要是：对保温材料要求不高较低，成本低；缺点主要有：

（1）防水层直接暴露在自然环境之下，易受到紫外线、温度变化和机械刺激的损伤，对防水很不利；

（2）正置式屋面的热工性能相对较差，易导致能量损失，造成采暖和空调的能耗增加。

成都市常见的正置式屋面构造例图见表 5-5。

表 5-5　正置式屋面保温常用构造例图

构　　造	构 造 例 图
20 mm 聚合物砂浆 +10 mm 水泥砂浆 +6 mm 防水层 +20 mm 水泥砂浆 +40 mm 轻集料混凝土 +20～200 mm 保温层 +80 mm 现浇混凝土 +60 mm 预制混凝土叠合板 +15 mm 石灰砂浆	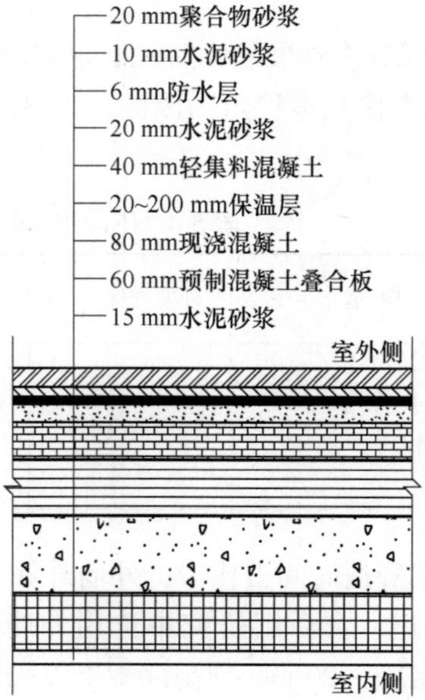

5.3.1.2 倒置式屋面保温

以前平屋面大多采用正置式屋面，随着憎水性材料的大量研发和迅速发展，逐渐衍生出倒置式屋面。倒置式屋面是相较于正置式屋面而言的，其主要特点是保温隔热层位于防水层上方。倒置式屋面主要有以下优点。

（1）倒置式屋面调整了保温隔热层与防水层的位置，降低了外界因素对防水层的损害程度，延长了防水层的使用年限，节省了后期维护费用，经济效益高。

（2）维修方便。保温层对防水层起到保护作用，进行屋顶检修或修缮时，仅需移动几块保温板就可以对漏水进行维护加固。

（3）各道工序受天气影响相对较小，即使遇到雨天也仅需待防水层以下工序干燥后即可做防水层，缩短施工工期。

倒置式屋面有如下缺点。

（1）与正置式屋面相比，倒置式屋面施工过程更为复杂，需要考虑安装后的排水问题。此外，如果保护层遭受损坏，维修将会更具挑战性，并可能发生额外的费用。

（2）倒置式屋面造价更高，且如果发生渗漏，需拆除掉保温层和防水层上方的屋面表层，给后期维修造成困难。

（3）对施工要求更高，防水层易受施工影响导致防水层失效。

本节选取了成都市常用的倒置式屋面构造，其构造与设计建筑屋面构造一致，见表5-6。

表 5-6　倒置式屋面保温常用构造例图

<table>
<tr><th>构　造</th><th>构 造 例 图</th></tr>
<tr><td>40 mm 细石混凝土
+20~200 mm 保温层
+20 mm 水泥砂浆
+6 mm 防水层
+40 mm 炉渣
+60 mm 现浇混凝土
+60 mm 预制混凝土叠合板
+10 mm 水泥砂浆</td><td>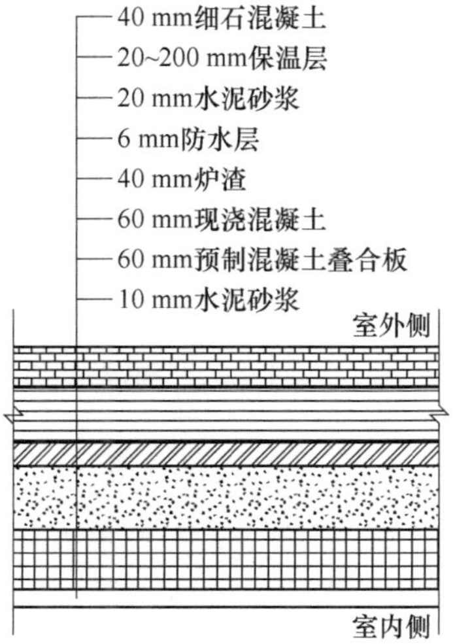
</td></tr>
</table>

5.3.2　不同屋面构造的节能潜力

对正置式屋面和倒置式屋面的节能效果进行分析，总能耗模拟结果如图 5-6 和图 5-7 所示。

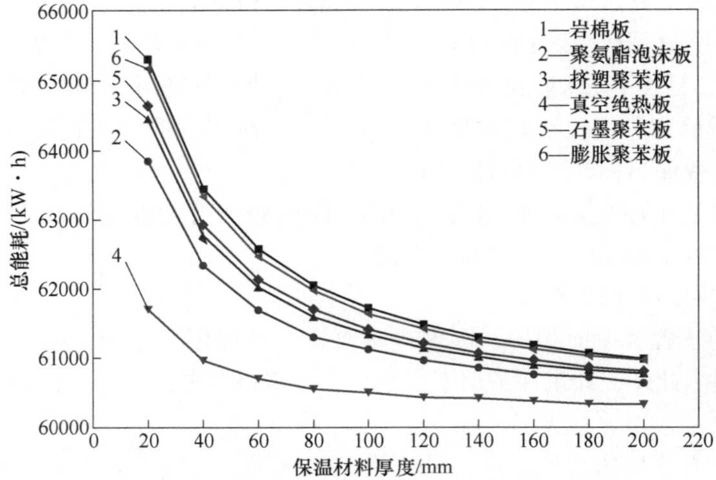

图 5-6 彩图

图 5-6　正置式屋面保温总能耗变化曲线

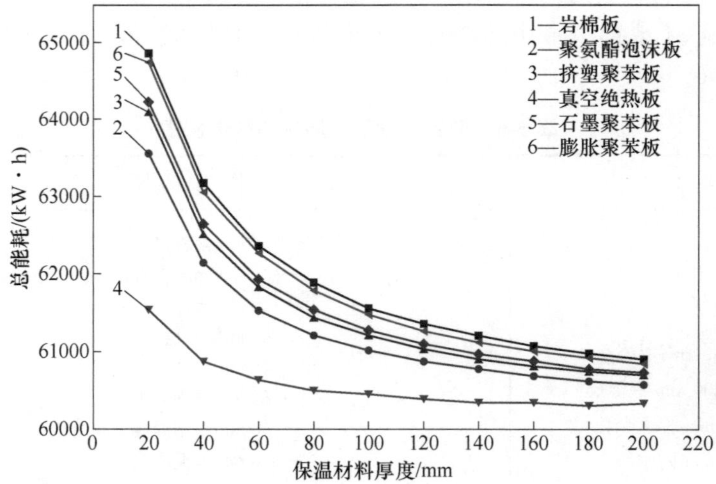

图 5-7 彩图

图 5-7　倒置式屋面保温总能耗变化曲线

以建筑总能耗最低为约束条件，保温材料选择顺序依次是：真空绝热板>聚氨酯泡沫板>挤塑聚苯板>石墨聚苯板>膨胀聚苯板>岩棉板。此规律和外墙不同构造下的总能耗变化趋势一致，随着保温材料厚度的增加，总能耗呈逐渐降低的趋势，且曲线变化程度逐渐变缓。

仍以建筑总能耗为约束进行不同屋面构造的选择，以节能效果最佳的真空绝热板为例分析不同屋面保温形式下的总能耗。由图 5-8 可知，从总体来看，相同保温材料厚度下，倒置式屋面在节能效果上表现更佳。

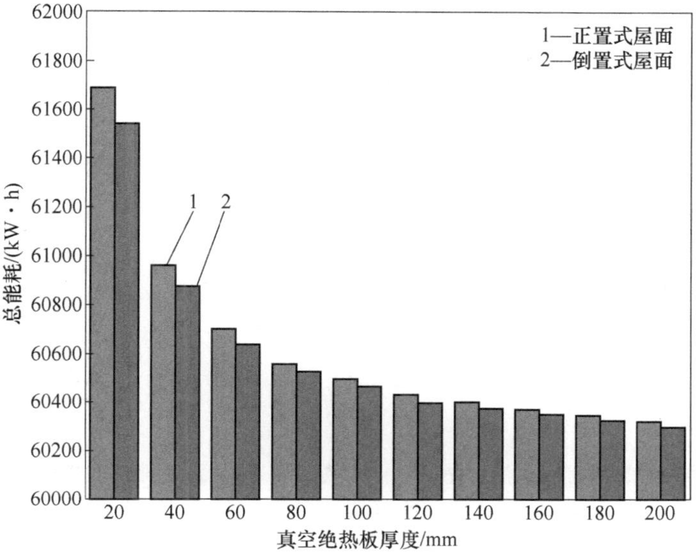

图 5-8 彩图

图 5-8 不同屋面构造下总能耗随真空绝热板（STP）的变化趋势

当 STP 厚度在 140 mm 时，总能耗变化基本稳定。因此选用 STP 厚度为 140 mm 时计算各构造的 PMV 占比，见表 5-7。

表 5-7 不同构造屋面 PMV 占比

屋面构造	正置式屋面	倒置式屋面
全年 PMV 在-0.5~0.5 的时间占比/%	73.58	73.63

在 PMV 舒适时间占比中，倒置式屋面表现更佳。

综上所述，在后续研究中选用倒置式屋面（40 mm 细石混凝土+20~200 mm 保温层+20 mm 水泥砂浆+40 mm 炉渣+120 mm 预制钢筋混凝土板+10 mm 水泥砂浆）进行模拟研究。

5.4　外窗节能潜力及敏感性分析

在建筑围护结构中，外窗仅占 1/5～1/3 的面积，却是保温和隔热最薄弱的部分，承担着采光和室内外环境交互的重要作用，得热量占比为 43%，散热量占比为 42%，是建筑的主要散热部位，对围护结构防水、保温和气密性的影响非常大，其热损失占围护结构总热损失的 20%～30%，因此必须采用高效节能的外窗系统。太阳得热系数和传热系数是影响外窗热工性能的重要参数，在夏热冬冷地区，对外窗的热工性能有更复杂的要求，不仅要满足采光需求，同时还要适应夏季隔热和冬季得热的需求，本节分析太阳得热系数和传热系数对外窗节能潜力的影响。

5.4.1　外窗相关参数设计

《近零能耗建筑技术标准》（GB/T 51350—2019）给出了不同气候分区外窗的相关参数限值，见表 5-8。

表 5-8　居住建筑外窗（包括透光幕墙）传热系数（*K*）和太阳得热系数（SHGC）值

性能参数		严寒地区	寒冷地区	夏热冬冷地区	夏热冬暖地区	温和地区
传热系数 K /[W·(m^2·K)$^{-1}$]		≤1.0	≤1.2	≤2.0	≤2.5	≤2.0
太阳得热系数（SHGC）	冬季	≥0.45	≥0.45	≥0.40	—	≥0.40
	夏季	≤0.30	≤0.30	≤0.30	≤0.15	≤0.30

为研究外窗传热系数和太阳得热系数对夏热冬冷地区居住建筑能耗的影响，采用控制变量法，以该标准提出的外窗参数为基准，即以 K=2.0 W/(m^2·K)、SHGC（夏季）= 0.3、SHGC（冬季）= 0.4 为基准。根据基准参数，设置夏季和冬季外窗太阳得热系数分为 0.35～0.35、0.3～0.4、0.25～0.45、0.2～0.5、0.15～0.55、0.1～0.6、0.05～0.65，步长为 0.05；控制全年平均 SHGC = 0.45，设置外窗传热系数 K 的变化取值分别为：1.0 W/(m^2·K)、1.2 W/(m^2·K)、1.4 W/(m^2·K)、1.6 W/(m^2·K)、1.8 W/(m^2·K)、2.0 W/(m^2·K)、2.2 W/(m^2·K)，步长为 0.2 W/(m^2·K)，利用 EnergyPlus 能耗模拟软件分别模拟外窗传热系数和外窗太阳得热系数对建筑能耗的影响。

5.4.2　太阳得热系数的节能潜力及敏感性分析

太阳得热系数（SHGC）是指通过窗户的太阳辐射进入室内的热量与投射到

窗户外表面上太阳总辐射量的比值，表示太阳辐射透过窗户进入室内的能量，取值区间通常为0~1，SHGC值越低窗户透光性能越差，反之则窗户透光性越好。本节对太阳得热系数的节能潜力及敏感性进行分析，敏感性系数按照下列公式计算：

$$S_i = \frac{\Delta L/L_n}{\Delta P_i/P_{i,n}} \tag{5-1}$$

式中 S_i——敏感性系数；

ΔL——输出参数的变化值，$\Delta L = L_i - L_n$；

L_n——输出参数的基准值；

ΔP_i——输入参数的变化值，$\Delta P_i = P_i - P_{i,n}$；

P_i——输入参数的值；

$P_{i,n}$——每个输入参数 i 的基准值；

i——第 i 个参数；

n——基准值；

L_i——第 i 个输出参数的当前值。

不同外窗太阳得热系数模拟的分析结果见表5-9。

表5-9 不同外窗太阳得热系数模拟的分析结果

编号	太阳得热系数 SHGC（夏/冬）	采暖 /(kW·h)	空调 /(kW·h)	总能耗 /(kW·h)	相对节能率 /%	总能耗敏感性系数
S1	0.35/0.35	21508.94	33386.68	54895.62	-6.17	0.3700
S2	0.3/0.4	20542.61	31164.41	51707.01	—	—
S3	0.25/0.45	19532.71	30733.52	50266.23	2.79	0.1672
S4	0.2/0.5	18545.31	28435.45	46980.76	9.14	0.2742
S5	0.15/0.55	17884.01	26185.48	44069.49	14.77	0.2954
S6	0.1/0.6	16887.22	23991.74	40878.97	20.94	0.3141
S7	0.05/0.65	15946.58	22000.04	37946.62	26.61	0.3193

由表5-9可知，建筑采暖能耗随着冬季太阳得热系数的增大而减小，建筑空调能耗随着夏季太阳得热系数的增大而增大，建筑总能耗与空调能耗呈现相同的变化趋势，即当太阳得热系数较大时，获得的热量也较大，反之较小。当太阳得热系数由基准值SHGC（夏/冬）= 0.3/0.4变化到SHGC（夏/冬）= 0.35/0.35时，采暖能耗由20542.61 kW·h上升到21508.94 kW·h，上升了约4.7%；空调能耗由31164.41 kW·h上升到33386.68 kW·h，上升了约7.13%，节能率为

-6.17%。这是因为在基准值的基础上，夏季 SHGC 增大，导致获得的太阳辐射增多，同时冬季 SHGC 减小，冬季获得的太阳辐射也相应减小，导致夏季的空调能耗和冬季的采暖能耗增加。当太阳得热系数由基准值 SHGC（夏/冬）= 0.3/0.4 变化到 SHGC（夏/冬）= 0.05/0.65 时，采暖能耗由 20542.61 kW · h 降低到 15946.58 kW · h，降低了约 22.37%，空调能耗由 31164.41 kW · h 降低到 22000.04 kW · h，降低了约 29.41%，节能率为 26.61%。夏季和冬季太阳得热系数每变化 0.05 W/(m^2 · K)，采暖能耗平均变化 927.06 kW · h，空调能耗平均变化 1897.77 kW · h，总能耗平均变化 2824.83 kW · h。从敏感性系数来看，当太阳得热系数（夏/冬）在 0.35/0.35~0.05/0.65 区间变化时，其敏感性系数在 0.1672~0.37 变化、平均值为 0.29，即太阳得热系数（夏/冬）每变化 5%，其总能耗会随之变化 29%。

可见，对于夏热冬冷地区来说，太阳得热系数对采暖能耗、空调能耗的影响都较大。从上述数据来看，若不考虑经济效益，可以采用降低太阳得热系数的方式来提高建筑节能效果。太阳得热系数作为外窗自身性能参数，能够更好地反映外窗的性能特点，在节能工作中应得到更多的关注。

5.4.3　外窗传热系数的节能潜力及敏感性分析

传热系数是窗户的另一个重要指标，选择合理的传热系数值可提高窗户的热工性能，实现建筑节能要求。不同外窗传热系数模拟的分析结果见表 5-10。

表 5-10　不同外窗传热系数模拟的分析结果

编号	传热系数 K /[W · (m^2 · K)$^{-1}$]	采暖能耗 /(kW · h)	空调能耗 /(kW · h)	总能耗 /(kW · h)	相对节能率 /%	总能耗敏感性系数
K1	2.2	20491.83	37524.08	58015.91	-0.52	0.0524
K2	2.0	19532.71	38180.65	57713.36	—	—
K3	1.8	18508.50	38912.80	57421.30	0.51	0.0506
K4	1.6	17572.01	39322.46	56894.47	1.42	0.0709
K5	1.4	16583.57	39879.25	56462.83	2.17	0.0722
K6	1.2	15429.05	40858.07	56287.12	2.47	0.0618
K7	1.0	14209.56	41962.26	56171.82	2.67	0.0534

由表 5-10 可知，建筑总能耗随着窗户传热系数的增加呈现增长趋势，当传热系数由基准值 2.0 上升到 2.2 时，采暖能耗由 19532.71 kW · h 上升到 20491.83 kW · h，上升约 4.91%；空调能耗由 38180.65 kW · h 下降到

37524.08 kW·h，下降约1.72%，节能率为-0.52%（当传热系数增大时，透过窗户的散热量也增加）。对于夏热冬冷地区而言，夏季会更节能，而冬季需要增加采暖设备来补充热量。当传热系数由基准值2.0下降到1.0时，采暖能耗由19532.71 kW·h下降到14209.56 kW·h，下降约27.25%，空调能耗由38180.65 kW·h上升到41962.26 kW·h，上升约9.9%，节能率为2.67%。窗户传热系数每变化0.2 W/(m^2·K)，采暖能耗平均变化1047.05 kW·h，空调能耗平均变化739.7 kW·h，总能耗平均变化307.35 kW·h。从敏感性系数来看，当外窗传热系数在1.0~2.2 W/(m^2·K）变化时，其敏感性系数在-0.0506~0.0722变化，平均值为0.0602（即外窗传热系数每变化5%，其总能耗会随之变化1.5%）。与太阳得热系数相比，可见传热系数对外窗节能影响较小。

上述数据表明，对于夏热冬冷地区而言，外窗传热系数对采暖能耗的影响更大。鉴于夏热冬冷地区的气候特点，增大外墙传热系数的同时，采暖能耗会增加，空调能耗会相应减小，总能耗呈现较稳的变化趋势。因此，夏热冬冷地区外窗选型时，外窗传热系数既不宜过高，也不宜过低，应根据实际情况对传热系数进行控制。

6 夏热冬冷地区装配式被动房的节能技术优化研究

6.1 基准建筑

根据住房和城乡建设部节能工作协调组颁布的《建筑节能“九五”计划和2010年规划》，其中对节能目标的衡量选取20世纪80年代的建筑作为对比基准，为建筑节能工作提供了一个清晰的起点。此外，20世纪80年代的建筑数据相对完整和可靠，以20世纪80年代建筑为基准，可以明确展示节能工作带来的改进和进步。因此本节以20世纪80年代建筑作为基准建筑与优化建筑进行比对，20世纪80年代建筑构造见表6-1。经过模拟，采暖能耗为67876.99 kW · h，空调能耗为39625.89 kW · h，建筑总能耗为107502.88 kW · h。

表6-1 20世纪80年代建筑构造

围护结构	构造概述
屋面（由上到下）	细石混凝土（内配筋）(40.0 mm)+钢筋混凝土板（120.0 mm)+水泥砂浆（20.0 mm)
外墙（由外到内）	水泥砂浆（20.0 mm)+黏土实心砖（200.0 mm)+水泥砂浆（20.0 mm)
内墙	水泥砂浆（20.0 mm)+黏土实心砖（100.0 mm)+水泥砂浆（20.0 mm)
楼板	软木板（密度300 kg/m^3，20.0 mm）+水泥砂浆（20.0 mm)+钢筋混凝土板（100.0 mm)+水泥砂浆（10.0 mm)
外窗	普通木质窗框加单层普通玻璃（6 mm)，传热系数5.70 W/(m^2 · K)
内外门	普通木门，传热系数4.52 W/(m^2 · K)

6.2 被动节能技术优化研究

6.2.1 约束目标

6.2.1.1 耗电量

全年供暖和空调总耗电量应按下列公式计算：

$$E = E_H + E_C \tag{6-1}$$

式中 E——全年供暖和空调总耗电量，kW · h/m^2；

E_H——全年供暖耗电量，kW · h/m^2；

E_C——全年供冷耗电量，kW · h/m^2。

$$E_H = \frac{Q_H}{A \cdot COP_H} \tag{6-2}$$

式中 Q_H——全年累计耗热量（通过动态模拟软件得到），kW · h；

A——总建筑面积，m^2；

COP_H——供暖系统综合性能系数，夏热冬冷地区居住建筑取 2.6。

$$E_C = \frac{Q_C}{A \cdot COP_C} \tag{6-3}$$

式中 Q_C——全年累计耗冷量（通过动态模拟软件得到），kW · h；

A——总建筑面积，m^2；

COP_C——供冷系统综合性能系数，夏热冬冷地区居住建筑取 3.6。

6.2.1.2 费荷比

$$CF = (E_H + E_C) \times A \times \text{电价} \tag{6-4}$$

本节费荷比的计算不考虑施工费用，即各比较方案的施工技术措施相同。其中，电价取值参考成都市居民电价计为 0.6224 元/kW · h。

$$NPV = \sum_{t=1}^{n} \frac{CF}{(1+i)^t} - IC \tag{6-5}$$

式中 NPV——节能投入净现值，元；

CF——节能效益，元/年；

IC——一次性节能投资费用，不考虑施工费用和后期维护费用，元；

i——社会折现率，取值 8%；

t——使用年限，依照《外墙外保温工程技术规程》（JGJ 144—2004）规定，保温材料使用寿命不低于 25 年，因此本节 t 取值 25 年。

$$费荷比 = \frac{NPV}{建筑能耗} \tag{6-6}$$

本节将保温材料自身费用设定为一次性节能投资费用，不考虑施工费用、维护费用和损耗，各保温材料的广材网价格见表 6-2。

表 6-2　保温材料的广材网市场价

材料名称	材料单价/(元 · m^{-3})
岩棉板（RW）	370
膨胀聚苯板（EPS）	580
挤塑聚苯板（XPS）	400
聚氨酯泡沫板（PU）	850
真空绝热板（STP）	4500
石墨聚苯板（SEPS）	600

6. 2. 2　外墙及屋面传热系数

根据《建筑节能与可再生能源利用通用规范》（GB 55015—2021）[82] 中对夏热冬冷 A 区居住建筑围护结构热工性能参数限值要求，本节在此节限定外墙传热系数 $K \leqslant 1.0$ W/(m^2 · K)、屋面传热系数 $K \leqslant 0.4$ W/(m^2 · K)。围护结构传热系数的计算公式如下：

$$R_i = \frac{\delta_i}{\lambda_i} \tag{6-7}$$

$$K_p = \frac{1}{R_i + \sum R_{in} + R_e} \tag{6-8}$$

式中　R_i——材料热阻，(m^2 · K)/W；

δ_i——材料的厚度，m；

λ_i——材料的导热系数，其中修正系数均取值为 1. 1 W/(m · K)；

K_p——围护结构的传热系数，W/(m^2 · K)；

R_{in}——建筑的内表面换热阻，取值 0. 11(m^2 · K)/W；

R_e——建筑的外表面换热阻，取值 0. 05(m^2 · K)/W。

其中，修正系数与换热系数参考《民用建筑热工设计规范》（GB 50176—2016）中附录 B 相关表格取值。当建筑选择前文锁定的外墙和屋面构造时，仅需满足上述要求即可达到《建筑节能与可再生能源利用通用规范》对围护结构传热系数的要求。

6.2.3 基于费荷比的装配式被动房的外墙保温材料优化

为研究外墙保温材料厚度对建筑能耗的影响，本节对前文已选定的外墙保温构造进行保温材料和厚度选择，对不同材料及厚度进行能耗分析。根据式（6-7）、式（6-8）计算外墙传热系数，外墙不加保温材料时已经能满足规范要求，因此对外墙保温材料厚度不做限定。对 5.2.2 节外墙外保温构造模拟结果的分析发现，相同厚度保温材料的节能效果从高到低依次为：STP>PU>XPS>EPS>RW，其中 STP 保温效果最好，因此根据不同保温材料的保温性能和材料单价，以及夏热冬冷地区并不需要过厚的保温层厚度，针对 RW、EPS、XPS、PU 厚度取值为 20~160 mm，STP 的厚度取值为 20~40 mm，以 5 mm 为步长进行模拟分析。

保温材料厚度增加必将导致成本的增加，计算净现值可以将成本限定在合理范围内，但其并不意味着建筑节能效果最佳。因此，本节通过计算费荷比选取保温材料厚度，其中净现值宜取大、能耗宜取小，即费荷比越大，保温材料厚度越佳。同时，为降低不同保温材料节能效果的差异性，选取每种保温材料最佳厚度时，在传热系数限制允许的范围内，在保温材料最佳厚度的基础上 ±10 mm，真空绝热板由于自身成本高，保温效果好，因此厚度只选 −5 mm，进行综合对比。

外墙外保温构造 1 下，不同保温材料厚度的选取见表 6-3，外墙不同工况下的净现值与费荷比如图 6-1 所示。

表 6-3 外墙保温材料厚度的选取

工况编号	保温材料及厚度	采暖能耗/(kW·h)	空调能耗/(kW·h)	总能耗/(kW·h)	*NPV*/元	费荷比	费荷比排序
1	40 mm EPS	23524.84	44808.71	68333.56	78855.91	1.1540	23
2	45 mm EPS	22160.95	45132.62	67293.57	78628.96	1.1684	21
3	50 mm EPS（最佳）	21009.19	45436.96	66446.15	77896.04	1.1723	19
4	55 mm EPS	19987.37	45728.31	65715.69	76855.03	1.1695	20
5	60 mm EPS	19098.01	46001.07	65099.08	75509.89	1.1599	22
6	20 mm PU	26072.99	44302.08	70375.07	79937.88	1.1359	25
7	25 mm PU	23343.30	44850.83	68194.14	81336.26	1.1927	18
8	30 mm PU（最佳）	21279.26	45359.04	66638.30	81108.51	1.2171	16
9	35 mm PU	21279.26	45359.04	66638.30	76544.26	1.1487	24
10	40 mm PU	18318.54	46257.44	64575.98	77887.74	1.2061	17
11	45 mm XPS	19353.12	45921.44	65274.55	93047.15	1.4255	3
12	50 mm XPS	18318.12	46258.18	64576.31	92922.58	1.4390	2

续表 6-3

工况编号	保温材料及厚度	采暖能耗/(kW · h)	空调能耗/(kW · h)	总能耗/(kW · h)	NPV/元	费荷比	费荷比排序
13	55 mm XPS（最佳）	17443. 58	46572. 50	64016. 08	92429. 40	1. 4438	1
14	60 mm XPS	16682. 83	46856. 85	63539. 68	87506. 77	1. 3772	4
15	65 mm XPS	16016. 48	47112. 90	63129. 38	86852. 32	1. 3758	5
16	55 mm RW	20504. 86	45590. 95	66095. 81	88190. 17	1. 3343	10
17	60 mm RW	19594. 81	45861. 89	65456. 70	88953. 69	1. 3590	8
18	65 mm RW（最佳）	18791. 80	46115. 05	64906. 85	88491. 09	1. 3634	6
19	70 mm RW	18084. 22	46341. 56	64425. 78	87811. 97	1. 3630	7
20	75 mm RW	17456. 32	46569. 75	64026. 07	86978. 47	1. 3585	9
21	35 mm RW	22774. 19	44984. 92	67759. 11	82811. 58	1. 2221	15
22	40 mm SEPS	21278. 62	45360. 39	66639. 01	82718. 56	1. 2413	13
23	45 mm SEPS（最佳）	20016. 50	45721. 22	65737. 72	82056. 00	1. 2482	11
24	50 mm SEPS	18943. 65	46051. 56	64995. 21	80966. 05	1. 2457	12
25	55 mm SEPS	18027. 78	46359. 09	64386. 87	79517. 08	1. 2350	14
26	20 mm STP	14919. 53	47581. 38	62500. 91	23989. 44	0. 3838	26
27	25 mm STP	13439. 59	48261. 19	61700. 78	2352. 96	0. 0381	27

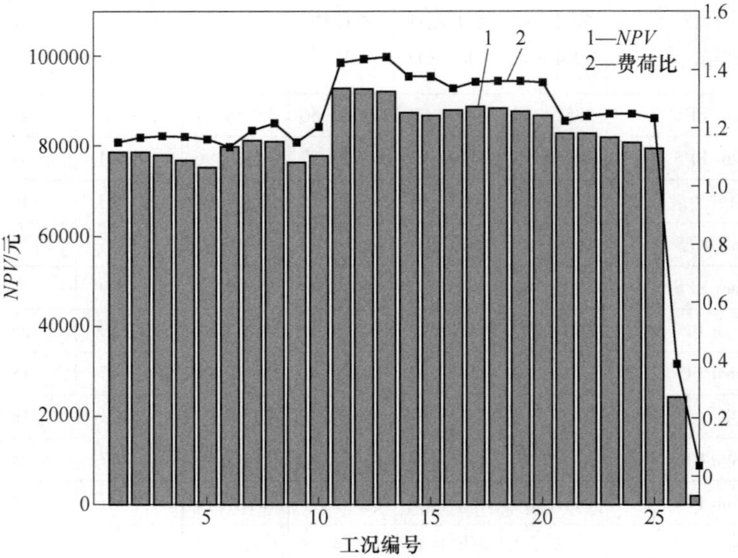

图 6-1 彩图

图 6-1　外墙不同工况下的净现值与费荷比

由表 6-3 和图 6-1 可知，费荷比排序靠前的保温材料厚度并非每种保温材料对应的最佳厚度，说明在很大程度上，保温材料较优厚度的选取受到材料单价和导热系数的影响，可见挤塑聚苯板（XPS）性价比最高，在工程中得到广泛使用。总序列下费荷比排名前四的工况依次为工况 13(55 mm XPS)、工况 12(50 mm XPS)、工况 11(45 mm XPS)、工况 14(60 mm XPS)。在后续的研究中，将以此数据为基础进行最优组合的确定。

6.2.4 基于费荷比的装配式被动房的屋面保温材料优化

通常情况下，屋面保温面积远比外墙保温面积少，由屋面带来的建筑节能效果也不及外墙。作为围护结构的重要组成部分，提高建筑节能率仍需做好屋面保温。

对屋面保温材料厚度的选取方法和外墙一致，根据式（6-7）、式（6-8）计算屋面传热系数，屋面保温材料的最小厚度应限定为：膨胀聚苯板（EPS）88 mm、聚氨酯泡沫板（PU）55 mm、挤塑聚苯板（XPS）68 mm、岩棉板（RW）93 mm、石墨聚苯板（SEPS）73 mm、真空绝热板（STP）19 mm。膨胀聚苯板厚度取值 90～160 mm、聚氨酯厚度取值 55～160 mm、挤塑聚苯板厚度取值 68～160 mm、岩棉板厚度取值 95～160 mm、石墨聚苯板厚度取值 75～160 mm、真空绝热板膨厚度取值 20～40 mm，以 5 mm 为一个区间进行模拟分析。在保温材料最佳厚度的基础上−10 mm、真空绝热板厚度−5 mm，进行综合对比。

倒置式屋面保温构造下，不同保温材料厚度的选取见表 6-4。

表 6-4 屋面保温材料的厚度选取

工况编号	保温材料及厚度	采暖能耗/(kW·h)	空调能耗/(kW·h)	总能耗/(kW·h)	*NPV*/元	费荷比	费荷比排序
1	90 mm EPS（最佳）	12525.15	49106.51	61631.65	112734.65	1.8292	11
2	95 mm EPS	12440.79	49118.94	61559.73	112304.31	1.8243	12
3	100 mm EPS	12361.60	49132.86	61494.46	111858.02	1.8190	13
4	55 mm PU（最佳）	12536.43	49104.30	61640.73	113880.63	1.8475	7
5	60 mm PU	12399.79	49125.51	61525.31	111477.43	1.8119	14
6	65 mm PU	12280.22	49145.33	61425.55	110929.66	1.8059	15
7	70 mm XPS	12507.36	49109.70	61617.06	117033.75	1.8994	3
8	75 mm XPS（最佳）	12400.60	49119.78	61520.38	116893.73	1.9001	1
9	80 mm XPS	12302.26	49141.53	61443.79	116716.63	1.8996	2

续表 6-4

工况编号	保温材料及厚度	采暖能耗/(kW·h)	空调能耗/(kW·h)	总能耗/(kW·h)	*NPV*/元	费荷比	费荷比排序
10	95 mm RW（最佳）	12520.40	49117.78	61638.19	116572.37	1.8912	4
11	100 mm RW	12440.05	49129.56	61569.61	116352.24	1.8898	5
12	105 mm RW	12365.57	49143.31	61508.88	116120.89	1.8879	6
13	75 mm SEPS（最佳）	12501.49	49105.30	61606.80	113651.49	1.8448	8
14	80 mm SEPS	12399.50	49126.21	61525.72	113260.52	1.8409	9
15	85 mm SEPS	12308.11	49140.79	61448.91	112843.72	1.8364	10
16	20 mm STP（最佳）	12403.87	49132.05	62500.91	104877.50	1.6780	16
17	25 mm STP	12085.35	49188.78	61700.78	100753.45	1.6329	17

由表 6-4 和图 6-2 可知，费荷比排名前四的工况依次为：工况 7（70 mm XPS）、工况 8（75 mm XPS）、工况 9（80 mm XPS）、工况 10（95 mm RW）。在后续的研究中，将以此数据为基础进行最优组合的确定。

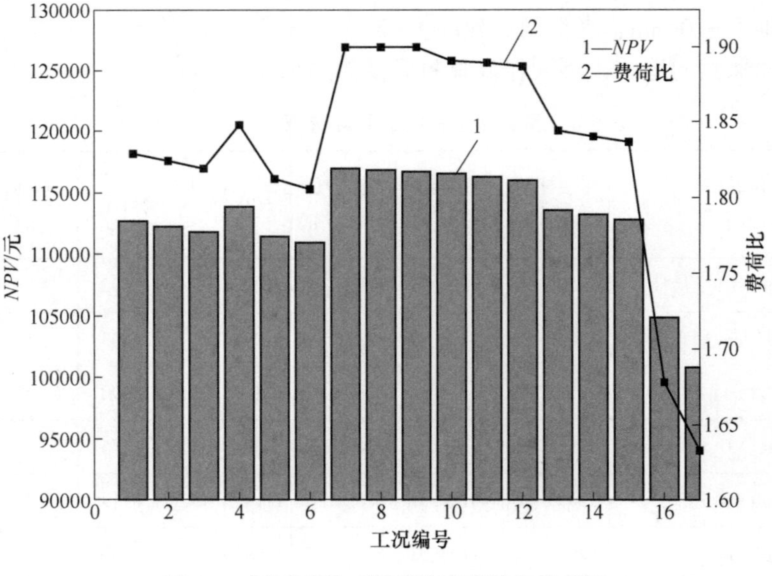

图 6-2 彩图

图 6-2　屋面不同工况下的净现值与费荷比

6.2.5　外窗材料优化

外窗进行热交换途径主要有三种：一是由窗框材料导致的温差传热；二是由

玻璃产生的太阳辐射传热；三是由窗户缝隙造成的渗透传热。忽略窗墙比、遮阳、朝向等对外窗传热的影响，窗框和玻璃对窗户的热工性能影响是最大的，因此选择节能窗时需要考虑窗框和玻璃的组合。

6.2.5.1 采用节能窗框材料

围护结构不仅需要节能还要防结露，在这方面窗框材料的重要性仅次于玻璃，而门窗框一般占门窗的20%~30%，足见其重要性。对于成都市外窗窗框材料的选择，首先要考虑的是窗框的导热性能，一般而言，窗框材料的导热系数从大到小依次为：金属>玻璃钢>塑料>木材[83]。对于被动式居住建筑而言，常用的窗框材料有 PVC 塑料、木材、铝合金，根据材料组合衍生出铝包木窗框、木包铝窗框、PVC 塑钢窗框、断桥铝窗框和玻璃钢窗框等[84]。目前我国使用最多的是性价比最高的塑料窗框，窗框按照材料大致分为以下四类：

（1）木材窗框。木材是传统的建筑材料，在 20 世纪 60 年代以前是外窗的主要窗框类型，热工性能良好，且容易造型。但是，由于制作木窗框消耗了大量的木材资源，出于环保的角度，发展受到限制，之后随着多种材料窗框的出现，木材窗框市场占有率逐渐降低。如今，木窗多存在于一些古典建筑中，为延长其使用寿命，通常采用四年左右刷漆一次的方式进行保养。

（2）金属窗框。金属窗框包括钢材窗框和铝合金窗框，金属窗框导热系数较大，导致整个外窗热工性能不佳，影响建筑节能效果，这是其存在的致命问题；但又因金属窗框往往强度刚度大，抗风压性能好，人们对其进行特殊处理，将金属与其他优良材料相结合，逐渐衍生出一些复合材料窗框。因此，在现阶段的建筑中，几乎不直接使用金属窗框，更多地使用具有更好节能效果的复合材料窗框。

（3）塑料窗框。塑料窗框出现于 20 世纪 50 年代后期，由 PVC 塑料制作而成，其热工性能与木材接近，具有良好隔热性能，且不易褪色。由于自身强度和刚度不高，与金属窗框相比，塑料窗框的抗风压性能较差。目前，很少使用纯塑料窗框，为增加其抗风压性能，通常在型材内腔增加金属加强筋，或加工成塑钢复合型材。

（4）复合材料窗框。复合材料窗框是随着技术进步和人们对窗框更进一步要求衍生出的产品，是由多种材料复合而成的窗框材料，更能适应现在建筑多变的装饰风格，其中现在比较常见的有铝包木窗框、木包铝窗框、PVC 塑钢窗框、断桥铝窗框和玻璃钢窗框等。将多种材料组合在一起，不仅可以有效提高窗户的刚度和抗风压性能，还能增强窗户节能效果，同时使用寿命也会比单一材料更长，减少更换带来的麻烦，从而节省开支。

各类窗框的特点见表 6-5。

表 6-5 彩图

表 6-5 常见窗框的特点

窗框类型	型材截面	优点	缺点	K 值 /[W·(m^2·K)$^{-1}$]
木材窗框		(1) 强度较高；(2) 易加工；(3) 隔热性能优良	(1) 易腐蚀，耐久性差；(2) 不环保，消耗大量森林资源；(3) 需在现场刷漆防腐，装配时间长	1.5~2.0
断热铝合金窗框	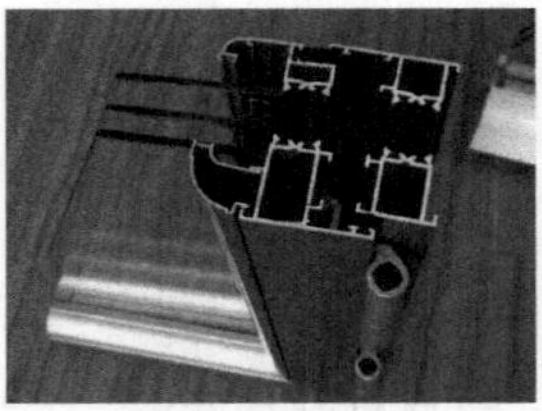	(1) 隔声降噪；(2) 抗风压性好；(3) 质量轻，强度高	成本偏高	2.4~3.2
玻璃钢窗框		(1) 轻质高强且隔声；(2) 密封性能好；(3) 耐腐蚀；(4) 耐候性好	(1) 玻璃钢门窗型材生产工艺不完善，废品率高；(2) 组窗工艺不成熟，生产效率低；(3) 硬脆性较大，安装过程不宜防护，造成碰撞不易修补	1.4~1.8

续表 6-5

窗框类型	型材截面	优点	缺点	K 值 /[W·(m^2·K)$^{-1}$]
PVC 塑钢窗框		(1) 寿命长，可正常使用 30 年左右；(2) 生产及使用过程相较于钢材、铝材窗框更节能；(3) 隔声效果好；(4) 阻燃性好	(1) 强度较金属窗框低；(2) 弹性模量低，设计尺寸和壁厚更厚重，缩减采光面积	2.0~2.8

6.2.5.2 采用节能玻璃

玻璃在外窗中占比面积超过 2/3，透过玻璃传递的热损失也较大。在窗户配置选择时，为了提高窗户的保温隔热性能，除了窗框材料外，玻璃层数、Low-E 膜、真空层、惰性气体等都是可探讨的措施[85]。现在市面上的外窗玻璃有普通玻璃、热反射玻璃、吸热玻璃、Low-E 玻璃和中空玻璃等。

(1) 普通玻璃。普通玻璃是玻璃水直接倒入锡槽冷凝制作而成，此类玻璃采光性好，可以透过的波长范围为 0.3~5 μm，可见光透过率在 80%以上。传热系数与遮阳系数都很大，与其他类型玻璃相比，此类玻璃保温性能很差，对增强建筑节能效果助益甚微。为增强节能效果，对其进行改进，在制作时加入钴、铁、硒等元素或其氧化物，使玻璃呈现茶、蓝、灰、绿等颜色，增强了其保温隔热效果，现多存在于一些老旧建筑中。

(2) 热反射玻璃。热反射玻璃是一种镀膜玻璃，通过物理或化学方法在玻璃表面形成一层金属或金属氧化物的薄膜，这层薄膜具有较高的太阳光反射能力，同时仍然保持良好的透光性。它主要有以下特点：一是对光线具有反射和遮蔽作用，对来自太阳的红外线，其反射率可达 30%~40%，甚至可高达 50%~60%；二是镀金属膜的热反射玻璃，具有单向透像的特性，隐私性较好，为建筑设计提供了创新；三是具有强烈的镜面效应，常用作建筑玻璃幕墙，可与自然环境相融合，起到很好的装饰作用。

(3) 吸热玻璃。吸热玻璃能吸收太阳中的大量红外线辐射能，阻挡 50%的太阳辐射，且能保持较高可见光透过率。吸热玻璃中含有金属离子，其生产是在普通钠-钙硅酸盐玻璃中加入有着色作用的氧化物，或在玻璃表面喷涂氧化钴、氧化铁等有色氧化物薄膜，使玻璃带色，并具有较高的吸热性能；适用于夏季需要隔热的南方炎热地区，但其透光性较差，且阻隔了能杀菌的阳光，在住宅外窗中的使用率较低。

（4）Low-E 玻璃，也称为低辐射镀膜玻璃。它是指在真空玻璃内镀一层或多层金属氧化物膜（如氧化锌、氧化锡、氧化锑），热反射玻璃的镀膜层具备高透过率的特性，可以使可见光充分透过，同时具有高反射红外线的特性，有效阻挡中远红外线的传播。这种特性使得热反射玻璃在隔热方面表现出色，同时保持了良好的透光性。目前的镀膜技术可以将 Low-E 镀膜层厚度做到 0. 1 mm 以下[86]。按不同 Low-E 镀膜层的遮阳性能分类，可将 Low-E 玻璃分为冬季型 Low-E 玻璃、高透光型阳光控制 Low-E 玻璃以及遮阳型 Low-E 玻璃。夏热冬冷地区应采用遮阳型 Low-E 玻璃，可阻挡太阳热辐射，从而节省夏季空调能耗。

不同类型 Low-E 玻璃对太阳辐射的透光率如图 6-3 所示。

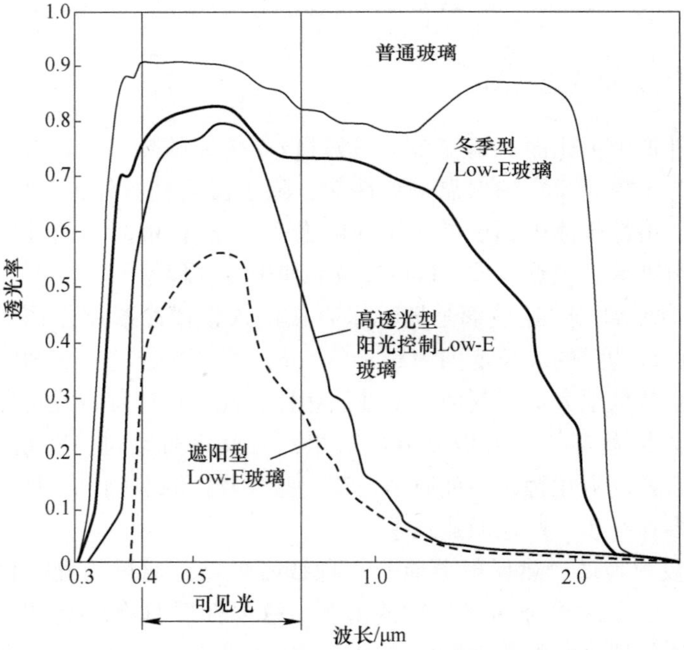

图 6-3　不同类型 Low-E 玻璃对太阳辐射的透光率比较

（来源：文献［87］）

（5）中空玻璃。中空玻璃是一种由两个或多个玻璃片构成的空心玻璃，并在空心中注入空气或惰性气体，然后使用高强度高气密性复合黏结剂对玻璃组件进行密封、黏接处理，可使其总体导热系数大大降低。常用填充气体的导热系数见表 6-6。

表 6-6 中空玻璃常用填充气体的导热系数

气体类别	空气	氩气	氪气
导热系数/[W·(m·K)$^{-1}$]	0.0241	0.0162	0.0086

中空玻璃由于在玻璃中间充入气体，热阻较大，节能效果较好，价格也合理，常常作为很多建筑外窗的首选玻璃类型，得到广泛使用。同时，中空玻璃经常与 Low-E 玻璃结合使用，组成 Low-E 中空玻璃，这样做既维护了 Low-E 玻璃金属氧化物镀膜层的稳定性，又结合了二者的优点，具有良好的隔热、保温和隔声功能，不仅提高了外窗的热工性能，还能使室内环境更加舒适，这也是许多被动式建筑的外窗类型。

6.2.5.3 采用边缘密封材料封堵

外窗是建筑围护结构中很重要的一部分，其密封性能直接影响到建筑整体的气密性。通常为保证外窗的高密封性，采用一定的密封材料进行封堵。一般来说，外窗散热的途径有三种：一是外墙与窗户之间 10 mm 左右的缝隙，在施工时通常采用岩棉等保温材料进行封堵，并用密封砂浆进行处理；二是玻璃与窗框之间的缝隙，通常由厂家在拼接处用密封胶条进行镶嵌，以减少风渗透，在已知的密封材料中，丁腈橡胶的性能最好；三是开启扇和窗框之间的缝隙，平开窗和上悬扇通常在窗框嵌入具有一定弹性和耐久性能的空腔式橡胶条，推拉窗通常采用条刷状密封毛条，关窗后挤压密封。

窗框和玻璃的不同配置，可带来不一样的节能效果，通常降低传热系数和提高太阳得热系数可提高外窗整体的热工性能。由 5.4 节对成都市太阳得热系数和传热系数的模拟可知，太阳得热系数的敏感性更高，对节能的影响更大。因此成都市被动式外窗的选型不仅应满足基本规范要求，具有良好的气密性、水密性和抗风压性能，还应重视夏季遮阳隔热、其他季节自然通风和采光需求。

6.2.6 外窗节能效果分析

在第 5 章中分别研究了外窗传热系数和太阳得热系数对建筑能耗的影响，并得出了一些结论，为更加清晰地讨论二者对建筑能耗的综合影响，本节根据调研并结合规范列出了 10 种成本适当的外窗类型，见表 6-7。其中，S1 是普通外窗，S2~S10 为节能外窗，通过对比 S1~S10 外窗的参数，以及建筑能耗的变化规律，选出更适合夏热冬冷地区被动式住宅的外窗形式。本节通过 EnergyPlus 软件进行仿真实验，分别模拟 10 种不同类型的外窗对建筑能耗的影响，统计数据如图 6-4 所示。

表 6-7　可供选择的窗户类型

工况编号	外窗类型	K /[W·(m²·K)$^{-1}$]	SHGC 值
S1	普通玻璃 6 mm	5.7	0.739
S2	塑料（6+12A+6）	2.5	0.493
S3	塑料（6　中等透光热反射+12A+6　透明）	2.5	0.296
S4	塑料（6　中等透光 Low-E+12A+6　透明）	2	0.435
S5	断桥铝（5　单银 Low-E+12A+5+12A+5）	1.6	0.583
S6	断桥铝（5　单银 Low-E+V+5）	1.05	0.667
S7	断桥铝（6　中等透光双银 Low-E+12A+6　透明）	2.39	0.338
S8	铝塑复合窗（5Low-E+16Ar　暖边+5Low-E+16Ar　暖边+5）	1.5	0.586
S9	铝木复合窗（5　单银 Low-E+16Ar+5）	1.2	0.49
S10	铝木复合窗（5Low-E+16Ar+5Low-E）	0.8	0.55

注：塑料（6+12A+6）

描述：双层塑料窗，外层为 6 mm 玻璃，中间为 12 mm 空气层（A 表示空气层），内层为 6 mm 玻璃。

塑料（6　中等透光热反射+12A+6　透明）

描述：双层塑料窗，外层为 6 mm 中等透光热反射玻璃，中间为 12 mm 空气层，内层为 6 mm 透明玻璃。

塑料（6　中等透光 Low-E+12A+6　透明）

描述：双层塑料窗，外层为 6 mm 中等透光 Low-E 玻璃，中间为 12 mm 空气层，内层为 6 mm 透明玻璃。

断桥铝（5　单银 Low-E+12A+5+12A+5）

描述：三层断桥铝窗，外层为 5 mm 单银 Low-E 玻璃，中间为 12 mm 空气层，中层为 5 mm 玻璃，再中间为 12 mm 空气层，内层为 5 mm 玻璃。

断桥铝（5　单银 Low-E+V+5）

描述：双层断桥铝窗，外层为 5 mm 单银 Low-E 玻璃，中间为真空层（V 表示真空层），内层为 5 mm 玻璃。

断桥铝（6　中等透光双银 Low-E+12A+6　透明）

描述：双层断桥铝窗，外层为 6 mm 中等透光双银 Low-E 玻璃，中间为 12 mm 空气层，内层为 6 mm 透明玻璃。

铝塑复合窗（5Low-E+16Ar　暖边+5Low-E+16Ar　暖边+5）

描述：三层铝塑复合窗，外层为 5 mm Low-E 玻璃，中间为 16 mm 氩气层（Ar 表示氩气），中层为 5 mm Low-E 玻璃，再中间为 16 mm 氩气层，内层为 5 mm 玻璃。

铝木复合窗（5　单银 Low-E+16Ar+5）

描述：双层铝木复合窗，外层为 5 mm 单银 Low-E 玻璃，中间为 16 mm 氩气层，内层为 5 mm 玻璃。

铝木复合窗（5Low-E+16Ar+5Low-E）

描述：双层铝木复合窗，外层为 5 mm Low-E 玻璃，中间为 16 mm 氩气层，内层为 5 mm Low-E 玻璃。

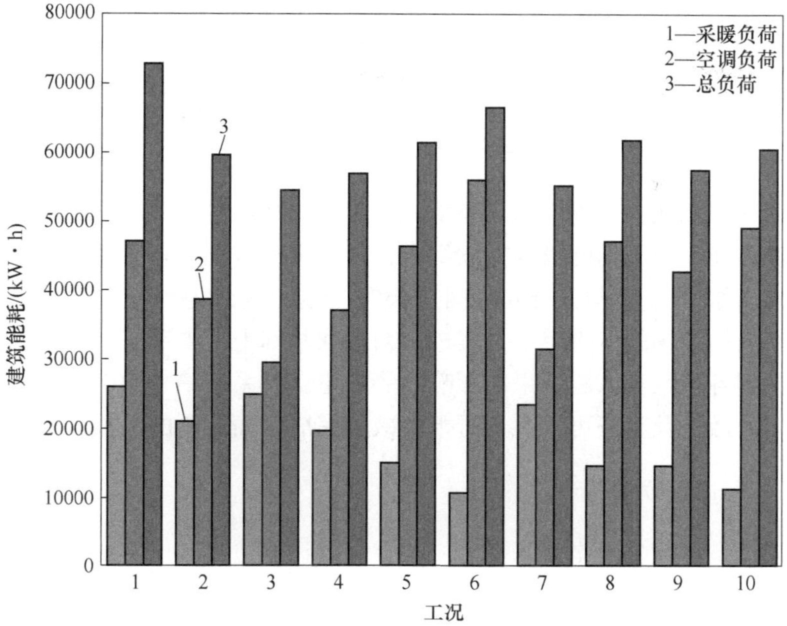

图 6-4 彩图

图 6-4 不同类型外窗对建筑能耗的影响

由图 6-4 分析，可得以下结论。

(1) 工况 1 为 6 mm 厚的普通玻璃外窗，这也是 20 世纪 80 年代建筑常用的外窗类型，经过模拟发现其总能耗最大。

(2) 当建筑模型使用工况 3 外窗时，总能耗最小，与工况 2 对比发现，二者传热系数一致，但工况 3 使用 Low-E 玻璃，二者由于玻璃类型的物理差异，使得工况 3 的总能耗比工况 2 小；分析该外窗类型的参数发现，传热系数较大，但太阳得热系数最小，可对上文研究进行论证，即在夏热冬冷地区的特殊气候特征下，应更加注重外窗隔热需求。

(3) 工况 10 传热系数最小，其采暖能耗较小，空调能耗较大，导致建筑总能耗偏高；工况 6 太阳得热系数是所有外窗中的较大值。经模拟统计，发现在此工况下的采暖能耗最小，空调能耗较大。

通过上述分析可总结出，太阳得热系数对采暖能耗的影响较大，传热系数对空调能耗的影响较大，但在夏热冬冷地区，建筑总能耗主要受到太阳得热系数的影响，在本节列举的外窗类型中，太阳得热系数越小，总能耗也越小。因此，在外窗选型时，夏热冬冷地区居住建筑应侧重于外窗玻璃的太阳得热系数，取值范围在 0.3~0.4 为最佳，传热系数也应满足《建筑节能与可再生能源利用通用规范》(GB 55015—2021) 标准。

为进行下一步研究，本书以建筑总能耗作为参考指标，选取总能耗最低的前四种外窗类型，分别是工况 3 "塑料（6 中等透光热反射+12A+6 透明）"、工况 7 "断桥铝（6 中等透光双银 LOW-E+12A+6 透明）"、工况 4 "塑料（6 中等透光 LOW-E+12A+6 透明）"、工况 9 "铝木复合窗（5 单银 LOW-E+16Ar+5）"。

6.2.7 基于正交试验的围护结构组合方案优化设计

为有效降低建筑能耗，改善室内热环境，需对围护结构设计进行优化。节能设计方案由多种单项围护结构的设计方案组成，如采用枚举法进行分析，则会出现方案过多、输出数据量过大、研究时间过长等问题，因此为提高方案优选效率，在上一节将围护结构的多种单一方案进行初选的基础上，本节采用正交试验的方法，分析得到各因素对试验结果的影响趋势、主次关系及最佳组合，实现因素和水平的均匀分散性及整齐可比性，可极大减少完成全面试验的次数[88]。

6.2.7.1 正交试验方法介绍

正交试验设计是研究多因素多水平的一种常用设计方法，其中多因素是指可能影响试验结果的多个影响因素，多水平是指每个因素要比较的具体条件。正交试验从全体试验数据中挑选出一部分有代表性的点进行试验，被挑选出来的点应满足各要素和各水平值在试验组中均衡分散，每个要素的各水平值间具有可比性的要求[89]，这些有代表性的点水平组合列成表格即为正交表。正交试验以个别试验代替全数试验，通过正交表可以将各试验因素与各水平值间的组合平均搭配，并以具有代表性的试验结果来了解整个试验的情况，极大地减少了试验次数，节约了科研人员的时间和精力，是一种高效率、快速、经济的实验设计方法[90]。

A 试验设计

进行正交试验设计的正交表必须同时具备以下两个特点，有一条不满足，就不是正交表。

(1) 每个因素的每个水平在试验中出现的频率是相同的，即每个因素的每个水平都有相等的机会参与试验，而不会受到其他因素水平的干扰，这种设计可以有效地比较试验结果，并找到最佳的试验条件。

(2) 在任意两列横向组成的数字对中，每种数字对出现的次数都是相等的。这个特点保证了试验点均匀地分散在属性与水平的完全组合之中，因此具有很强的代表性。

正交试验法利用正交表科学地安排与分析多因素试验，正交表的表示方法如下：

$$L_n(r^m) \tag{6-9}$$

式中 L——正交表；

n——正交表有 n 横行，即要做 n 次试验；

r——每个因素有 r 个水平数；

m——正交表有 m 纵列，因素个数为 m。

正交试验表示例如图 6-5 所示。

因素　　　　　　　　　　　　水平

试验号	例号										
	1	2	3	4	5	6	7	8	9	10	11
1	1	1	1	1	1	1	1	1	1	1	1
2	1	1	1	1	1	2	2	2	2	2	2
3	1	1	2	2	2	1	1	1	2	2	2
4	1	2	1	2	2	1	2	2	1	1	2
5	1	2	2	1	2	2	1	2	1	2	1
6	1	2	2	2	1	2	2	1	2	1	1
7	2	1	2	2	1	1	2	2	1	2	1
8	2	1	2	1	2	2	2	1	1	1	2
9	2	1	1	2	2	2	1	2	2	1	1
10	2	2	2	1	1	1	1	2	2	1	2
11	2	2	1	2	1	2	1	1	1	2	2
12	2	2	1	1	2	1	2	1	2	2	1

图 6-5　正交试验表示例

（来源：百度图片）

前面介绍的影响围护结构节能的因素有 3 种（外墙、屋面和外窗），每种因素下又有 4 种方案，若按照常规方法确定最佳组合，则需要做 $4^3=64$ 次试验，这显然会耗费大量的时间与精力。本节三因素四水平的试验为例，若采用正交试验的方法进行组合方案选取，按照正交表 L_{16}（4^3）= 16 进行试验安排，则只需要做 16 次试验，且试验次数减少并不会影响试验结果的准确性，因此为了提高效率，采用正交表 L_{16}（4^3）进行试验安排。

B　方案选择

鉴于建筑能耗与 PMV 值对建筑而言同等重要，将建筑能耗与 PMV 值按照式（6-10）进行归一化处理后分别进行排序，求得二者排名的平均值再进行排序，以获得各方案的综合排序。

$$\chi_{new}=\frac{\chi-\chi_{min}}{\chi_{max}-\chi_{min}} \tag{6-10}$$

式中　χ_{new}——建筑能耗或 PMV 的归一化值；

χ_{max}——建筑能耗或 PMV 的最大值；

χ_{min}——建筑能耗或 PMV 的最小值；

χ——建筑能耗或 PMV 值。

6.2.7.2　结果分析方法

正交试验结果分析方法分为：极差分析法和方差分析法[89]。极差分析法通过计算极差大小，能够直观地了解各要素不同水平值对试验结果的影响。方差分析法可以得出各要素对试验指标的影响是否显著，但计算过程复杂，且无法直接得出要素对试验结果影响程度的大小。相较而言极差法简单直观，被许多研究者采用，因此本节采取极差法对试验结果进行分析，具体计算公式如下：

$$\overline{K_i} = K_i / s \tag{6-11}$$

式中　$\overline{K_i}$——各试验指标平均值，表示在不同因素水平下该指标的平均表现；

K_i——任一列水平号为 i 对应的试验结果之和；

s——任一列各水平值出现的次数。

$$R = \max\{\overline{K_i}\} - \min\{\overline{K_i}\} \tag{6-12}$$

式中　R——极差；

$\max\{\overline{K_i}\}$——水平值 i 的最大平均值；

$\min\{\overline{K_i}\}$——水平值 i 的最小平均值。

通常情况下，R 越大表示该因素越重要，对试验结果的影响程度越大。

6.2.7.3　正交试验设计

围护结构对装配式被动房能耗影响最大，在前文中通过控制变量法分析了外墙、屋面和外窗不同构造对建筑能耗的影响，分别选取了外墙、屋面和外窗的较优构造类型，对单项节能设计具有实践指导意义。在实际情况下，为追求最大的节能效果，无论是在建筑节能设计阶段还是在建筑节能改造阶段，都不能仅仅以单独部位的节能效果代表建筑整体，而应该考虑不同围护结构组合起来的节能效果。

在实际工程应用中，为压缩施工成本，节能支出成本往往比节能效果更重要，因此不能过度关注为了得到更低的建筑能耗而无限增加保温材料的厚度。因此，本节在单项节能设计阶段就开始控制成本，在初选时结合规范要求和节能成本，对保温材料厚度、外窗类型和成本进行控制。将对外墙、屋顶和外窗三种因素进行组合方案设计，其中每种因素选取四个水平，具体方案见表 6-8。

表 6-8 正交试验的影响因素和水平设置

水平	外墙保温层厚度	屋面保温层厚度	外窗类型
1	55 mm XPS	70 mm XPS	塑料（6 中等透光热反射+12A+6 透明）
2	50 mm XPS	75 mm XPS	断桥铝（6 中等透光双银 Low-E+12A+6 透明）
3	45 mm XPS	80 mm XPS	塑料（6 中等透光 Low-E+12A+6 透明）
4	60 mm XPS	95 mm RW	铝木复合窗（5 单银 Low-E+16Ar+5）

注：外窗类型说明见表 6-7。

根据表 6-8 选取的试验因素和水平数，选用合适的正交表 $L_{16}(4^3)$，并按照式（6-10）进行综合排序，不同正交组合方案对应的总能耗见表 6-9。

表 6-9 综合节能方案组合正交试验表

方案编号	外墙保温层厚度/mm	屋面保温层厚度/mm	外窗类型	全年建筑采暖能耗/(kW · h)	全年建筑空调能耗/(kW · h)	全年建筑总能耗/(kW · h)	PMV值	综合排序
1	A1	B1	C1	32199. 93	30086. 74	62286. 67	0. 39	8
2	A1	B2	C2	30811. 07	31781. 76	62592. 83	0. 41	6
3	A1	B3	C3	26985. 64	36694. 78	63680. 42	0. 45	7
4	A1	B4	C4	22167. 44	41403. 43	63570. 86	0. 50	4
5	A2	B1	C2	31759. 67	31807. 29	63566. 96	0. 40	11
6	A2	B2	C1	32929. 24	30086. 11	63015. 35	0. 39	11
7	A2	B3	C4	22840. 62	41217. 65	64058. 27	0. 43	9
8	A2	B4	C3	22840. 62	41217. 65	64058. 27	0. 43	9
9	A3	B1	C3	29040. 78	36571. 33	65612. 11	0. 43	13
10	A3	B2	C4	23953. 38	41039. 56	64992. 94	0. 00	16
11	A3	B3	C1	33826. 46	30106. 80	63933. 26	0. 39	14
12	A3	B4	C2	32747. 69	31823. 72	64571. 40	0. 39	15
13	A4	B1	C4	21394. 06	41552. 22	62946. 28	0. 51	1
14	A4	B2	C2	30072. 32	31785. 79	61858. 11	0. 42	2
15	A4	B3	C3	26252. 51	36768. 16	63020. 67	0. 46	2
16	A4	B4	C1	31481. 44	30072. 70	61554. 14	0. 40	4

通过模拟正交试验法构建的围护结构多要素耦合方案得到16组方案的能耗数据，可以发现，若考虑采暖能耗最低，最优的方案是方案13，此时外墙采用60 mm XPS、屋面采用70 mm XPS、外窗采用铝木复合窗（5　单银Low-E+16Ar+5）；若考虑空调能耗最低，最优的方案是方案16，此时外墙采用60 mm XPS、屋面采用95 mm RW、外窗采用塑料（6　中等透光热反射+12A+6　透明）；若考虑建筑总能耗最低，最优的方案是方案16，此时节能效果最好，成本最适宜；若综合考虑PMV值（舒适时间）占比与建筑总能耗，则最优方案是方案13。

为探究外墙、屋面、外窗对建筑能耗的影响程度，利用正交试验极差分析法，根据式（6-11）、式（6-12）计算得到表6-10的数据。

表6-10　建筑能耗极差分析表　（kW·h）

建筑能耗	试验结果	外墙保温	屋面保温	外窗类型
建筑全年采暖能耗	$\overline{K_1}$	28041.02	28598.61	32609.27
	$\overline{K_2}$	27592.54	29441.50	31347.69
	$\overline{K_3}$	29892.08	27476.31	26279.89
	$\overline{K_4}$	27300.08	27309.30	22588.87
	R	2591.99	2132.21	10020.39
建筑全年空调能耗	$\overline{K_1}$	34991.68	35004.39	30088.09
	$\overline{K_2}$	36082.18	33673.30	31799.64
	$\overline{K_3}$	34885.35	36196.85	37812.98
	$\overline{K_4}$	35044.72	36129.37	41303.21
	R	1196.83	2523.54	11215.13
建筑全年总能耗	$\overline{K_1}$	63032.70	63603.00	62697.36
	$\overline{K_2}$	63674.71	63114.81	63147.33
	$\overline{K_3}$	64777.43	63673.16	64092.87
	$\overline{K_4}$	62344.80	63438.67	63892.09
	R	2432.63	558.35	1395.51

注：外窗类型说明见表6-7。

在正交试验中，试验指标的平均值表示在不同因素水平下该指标的平均表现，对于建筑能耗而言，试验指标的平均值应尽可能地小。分析建筑能耗各试验指标的平均值可以发现，考虑建筑全年采暖能耗时，由各指标的建筑采暖能耗平均值可知，外墙、屋顶、外窗三种因素的最优水平为 A4、B4、C4，即除了正交试验模拟得到的方案 13，还可以选择外墙 60 mm XPS、屋面 95 mm RW 和铝木复合窗（5 单银 Low-E+16Ar+5）；相应的考虑建筑全年空调能耗时，除正交试验下的方案 16 外，还可以选择外墙 45 mm XPS、屋面 75 mm XPS 和塑料（6 中等透光热反射+12A+6 透明）；考虑建筑全年总能耗时，除正交试验下的方案 16 外，还可以选择外墙 60 mm XPS、屋面 75 mm XPS 和塑料（6 中等透光热反射+12A+6 透明）。

观察极差可知，若要降低建筑采暖能耗时，$R(\mathrm{C})>R(\mathrm{A})>R(\mathrm{B})$，此时应优先考虑增强外窗保温性能；若要降低建筑空调能耗时，$R(\mathrm{C})>R(\mathrm{B})>R(\mathrm{A})$，此时需优先考虑增强外窗隔热性能，其次降低屋面传热系数；若要降低建筑总能耗时，$R(\mathrm{A})>R(\mathrm{C})>R(\mathrm{B})$，此时外墙热工性能对建筑能耗的影响最大，其次是外窗，为达到更好的节能效果，应优先考虑提升外墙的热工性能。

6.3　主被动节能技术优化研究

经过前述分析，夏热冬冷地区被动房在冬季能够满足需求，且新风一体机的采暖能耗较低，正是由于良好的气密性导致夏季白天室内温度过高，空调能耗升高。此外，室内采光也会受到结构上一定的影响。本节综合考虑夏热冬冷地区被动房的主被动技术，主要从围护结构、遮阳、通风、全热新风一体机系统四方面进行优化研究。

6.3.1　被动房设计策略

本节的设计变量是围护结构各保温材料及厚度、遮阳方式及参数、渗透通风次数及全热新风一体机系统参数。模拟在被动房设计策略下建筑全年能耗，且与基准建筑能耗对比，得出建筑能耗节约百分数，作为评价各设计策略节能效果的主要参数。此外，通过模拟得到的室内 PMV、温度、湿度、CO_2 浓度及采暖能耗、空调能耗、照明能耗等参数来综合评价被动房设计策略的优劣。

夏热冬冷地区被动房设计策略主要思想是在冬季做到保温、在夏季做到隔热，主要方法是对围护结构各保温材料及厚度、全热新风一体机系统参数、遮阳方式及参数、渗透通风次数等进行组合，兼顾节能和舒适性。

6.3.1.1　围护结构对空调能耗的影响及保温材料厚度的选择

能耗的大小可以用来验证分析围护结构、通风换气次数等组合的优良性，先固定换气次数为每小时一次，通过改变围护结构保温材料厚度及种类，输出房间 1003 在 35 种工况下的冷、热能耗，见表 6-11。

表 6-11　1 月 27 日各工况下冷、热能耗统计　　(W/m^2)

工况编号	冷能耗	热能耗	工况编号	冷能耗	热能耗
1	69.38	45.40	19	69.56	57.58
2	69.16	44.30	20	69.44	55.04
3	68.97	43.47	21	69.15	63.18
4	69.83	41.36	22	68.92	61.40
5	69.63	40.82	23	68.71	59.81
6	70.38	52.60	24	69.43	58.34
7	70.20	49.72	25	69.49	57.15
8	70.07	48.59	26	68.41	66.43

续表 6-11

工况编号	冷能耗	热能耗	工况编号	冷能耗	热能耗
9	69.99	47.69	27	69.25	64.28
10	69.93	45.52	28	69.06	62.53
11	68.74	60.06	29	68.89	61.18
12	69.66	58.10	30	68.73	59.94
13	69.42	56.61	31	68.71	68.75
14	69.29	54.21	32	68.45	66.77
15	69.15	53.09	33	68.21	64.98
16	69.07	62.51	34	69.14	63.22
17	68.82	60.69	35	68.95	62.06
18	69.78	59.08			

35 种工况由 7 种保温材料（真空绝热板、气凝胶板、聚氨酯泡沫板、挤塑聚苯板、石墨聚苯板、膨胀聚苯板、岩棉板）和 5 种保温厚度（110 mm、130 mm、150 mm、170 mm、190 mm）组合而成。

举例说明：工况 1——真空绝热板 110 mm。

通过对保温材料分类统计，分别作出围护结构在各不同材料及厚度作用下房间 1003 的冷热能耗，如图 6-6 所示。

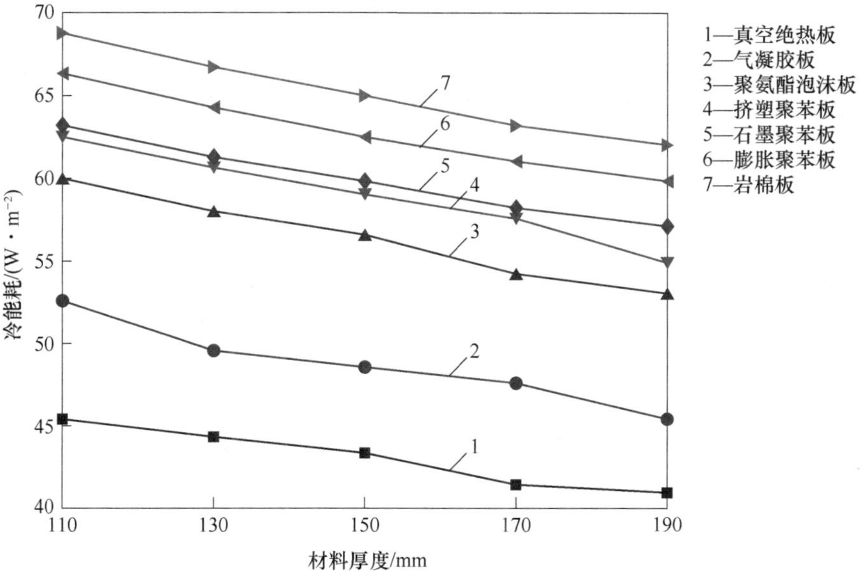

(a)

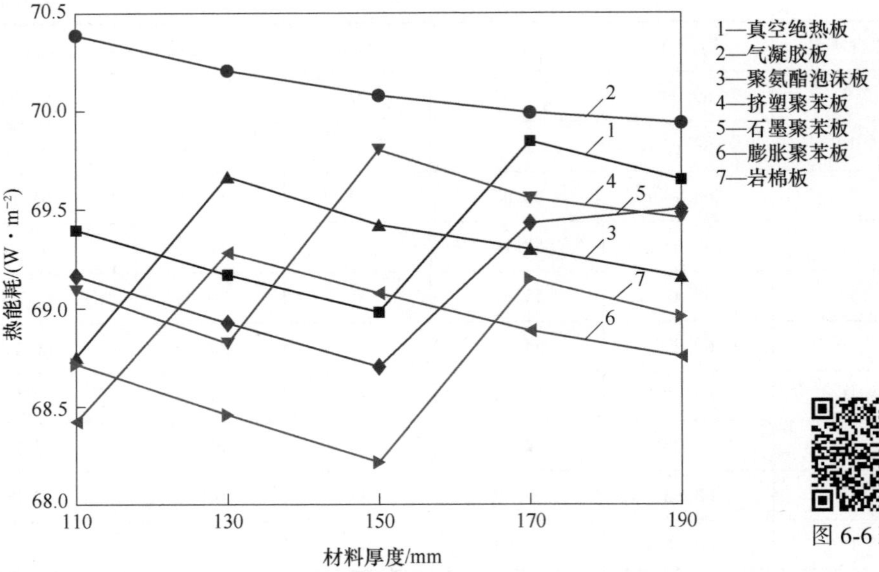

(b)

图 6-6 彩图

图 6-6　房间 1003 在各保温材料下的能耗

（a）冷能耗；（b）热能耗

通过图 6-6 可以得出。

（1）房间 1003 的冷能耗都会随着保温材料导热系数的增加而降低，也会随着同种保温材料厚度的增加而降低。

（2）热能耗不符合这一规律，通过观察图 6-6（b）可知，当保温材料为真空绝热板、石墨聚苯板、岩棉板时，房间 1003 的热能耗先随着厚度的增加而减小；当厚度大于 150 mm 时，保温材料为真空绝热板、石墨聚苯板、岩棉板的房间 1003 热能耗反而随着厚度的增加而增大，石墨聚苯板对应的热能耗一直呈上升趋势；当厚度大于 170 mm 后，真空绝热板、岩棉板的热能耗又呈下降趋势。

综合材料费用、保温效果和能耗（冷、热能耗）考虑，保温材料真空绝热板、石墨苯板、岩棉板的厚度应选择 150 mm。

（3）挤塑聚苯板对应的热能耗随厚度的变化也是先下降再上升，然后再下降的趋势，但是两个转折点分别为 130 mm 与 150 mm，130 mm 对应的冷能耗最低；当挤塑聚苯板厚度为 190 mm 时热能耗依然远高于 130 mm，因此挤塑聚苯板的使用厚度宜为 130 mm。

（4）聚氨酯泡沫板、膨胀聚苯板对应的热能耗随厚度的变化趋势为先升后降，但是下降的速率小于上升的速率，也就意味着通过厚度的增加来达到降低热能耗的效果并不明显。通过图 4-17（b）和（e）可知，聚氨酯泡沫板、膨胀聚苯板厚度的改变，对于房间保温性能的影响很小，因此聚氨酯泡沫板、膨胀聚苯板的使用厚度宜为 110 mm。

（5）气凝胶板对应的冷热能耗均随厚度的增加一直呈下降趋势，然而与其他保温材料相比，它对应的热能耗最大，冷能耗仅高于真空绝热板，综合考虑气凝胶板的使用厚度与真空绝热板一致，为 150 mm。

根据能耗等确定各保温材料最适厚度，真空绝热板 150 mm、气凝胶板 150 mm、石墨聚苯板 150 mm、挤塑聚苯板 130 mm、聚氨酯泡沫板 110 mm、膨胀聚苯板 110 mm、岩棉板 150 mm。目前市场上石墨聚苯板、挤塑聚苯板、聚氨酯泡沫板、膨胀聚苯板、岩棉板是建筑常用保温材料，真空绝热板、气凝胶板使用甚少，其中石墨聚苯板、挤塑聚苯板、岩棉板是建筑广泛应用保温材料。为了加强效果对比及探索保温材料参数对被动房节能效果的影响，选择广泛应用保温材料石墨聚苯板（150 mm）、挤塑聚苯板（130 mm），保温效果最好的真空绝热板（150 mm），常用保温材料膨胀聚苯板（110 mm）、岩棉板（150 mm）作为夏热冬冷地区围护结构保温材料的研究对象。五种保温材料及其编号见表 6-12。

表 6-12 选取保温材料及其编号

保温材料	厚度 /mm	导热系数 /[W·(m·K)$^{-1}$]	编号
真空绝热板	150	0.008	Z150
挤塑聚苯板	130	0.030	J130
石墨聚苯板	150	0.032	S150
膨胀聚苯板	110	0.041	P110
岩棉板	150	0.050	Y150

6.3.1.2 全热新风一体机系统参数选择

全热新风一体机共有三个挡位，为了更好地调节室内环境，节约采暖、空调能耗需要在不同时期合理地利用三个挡位。通过房间 1003 全年自然室温（见图 4-27）可知，一年 12 个月时间里有两个时间段需要采暖，分别为 1 月 1 日—3 月 25 日（共 84 天），11 月 20 日—12 月 31 日（共 41 天）；制冷时间为 6 月 9 日—9 月 17 日（共 111 天）。因此，全热新风一体机采暖、制冷使用时间为上述三个时间段，在各时间段内按表 6-13 设置全热新风一体机的挡位及对应的参数。

表 6-13 采暖、制冷时间段全热新风挡位选择及对应参数

时间段	挡位使用	制热量/kW	制冷量/kW	客厅风速/($m \cdot s^{-1}$)	卧室风速/($m \cdot s^{-1}$)
1月1日—3月2日（A）	1挡（A1）	1.03	1.95	0.579	0.290
	2挡（A2）	2.14	3.88	1.302	0.651
	3挡（A3）	3.79	6.58	2.604	1.302
6月7日—9月17日（B）	1挡（B1）	1.03	1.95	0.579	0.290
	2挡（B2）	2.14	3.88	1.302	0.651
	3挡（B3）	3.79	6.58	2.604	1.302
11月20日—12月31日（C）	1挡（C1）	1.03	1.95	0.579	0.290
	2挡（C2）	2.14	3.88	1.302	0.651
	3挡（C3）	3.79	6.58	2.604	1.302

每个时间段可有 3 种挡位选取，即全年全热新风一体机开启组合方式共有 27 种，即 A1B1C1、A1B1C2、A1B1C3、A1B2C1、A1B2C2、A1B2C3、A1B3C1、A1B3C2、A1B3C3、A2B1C1、A2B1C2、A2B1C3、A2B2C1、A2B2C2、A2B2C3、A2B3C1、A2B3C2、A2B3C3、A3B1C1、A3B1C2、A3B1C3、A3B2C1、A3B2C2、A3B2C3、A3B3C1、A3B3C2、A3B3C3。

6.3.1.3 遮阳方式及参数选择

通过 4.5 节的分析，该建筑南侧窗户选择水平固定遮阳+内遮阳，水平遮阳板宽度为 $a/\tan 83°$，该建筑客厅、卧室窗高为 1900 mm 或者 1600 mm。当窗高为 1900 mm 时，遮阳板宽度 $d=0.490$ m，距离窗户上沿高度 $h \geq 93.1$ mm；当窗高为 1600 mm 时，遮阳板宽度为 $d=0.412$ m，距离窗户上沿高度 $h \geq 78.3$ mm。

客厅内遮阳选择窗纱、窗帘相结合，卧室选择窗帘遮阳。内遮阳可有效避免太阳光辐射直射入室内，致使室内温度增加，但是也会大大降低室内光照度。因此在夏季温度较高时期，即 6 月 7 日—9 月 17 日客厅采用内遮阳，其余时间不采用。此外，内遮阳还能起到保温、隔热效果，所以卧室一直使用内遮阳。

常用窗帘、窗纱的材质及参数见表 6-14 和表 6-15，窗帘常用的类型有三种，窗纱常用的类型有两种。

表 6-14 各种窗帘材质的参数

窗帘类型	棉纱布窗帘	亚麻布窗帘	涤棉混纺窗帘
编号	CL1	CL2	CL3
太阳能透过率	0.075	0.09	0.08
太阳能反射率	0.7	0.8	0.75
可见光透过率	0.032	0.05	0.04
可见光反射率	0.5	0.6	0.55
红外半球发射率	0.15	0.3	0.2
红外透过率	0.41	0.56	0.5
厚度/m	0.0004	0.001	0.0015
热导率/[W·(m·K)$^{-1}$]	0.1	0.09	0.08

表 6-15 各种材质窗纱的参数

窗纱类型	涤纶窗纱	混纺窗纱
编号	CS1	CS2
漫射太阳能反射率	0.7	0.81
漫射可见光反射率	0.068	0.08
窗纱材料间距/m	0.0002	0.00015
窗纱材料的直径/m	0.0001	0.00005

6.3.1.4 主被动节能设计策略组合

将围护结构保温材料（5 种）、全热新风一体机不同时间段使用挡位（27 种）与内遮阳材料选择（5 种）相互组合，有 5×27×6=810 种组合。再加上五种恒温器控制温度，共有 5×810=4060 种。由此可以看出数据是庞大的，需要再次精简。

在全热新风一体机工作的三个时间段内，结合图 4-22 中房间 1003 三个挡位的室内温度分布图可知，使用不同挡位时室内温度改善效果不一，在 6 月 9 日—9 月 17 日时间段，使用 1 挡不能较好满足需求，因此该时间段内需使用 2 挡、3 挡。在 1 月 1 日—3 月 25 日时间段内，使用 2 挡时改善室内环境力度会比使用 1 挡时大很多，使用 3 挡时相比使用 2 挡，室内环境改善不大，因此该时间段内需使用2挡、3挡。在11月20日—12月31日时间段内，在2挡以上时，室内环境几乎没有改变，但是较使用1挡时改变较大，因此该时间段内使用2挡即可。经过筛选，全热新风一体机不同时间段使用挡位组合为2×2×1=4种，综合组合共精简为5×5×4×6=600种。固定一种采暖制冷温度时有120种组合，其组合情况见表6-16，组合编号是：保温材料种类及厚度+全热新风一体机一年3个时间段使用挡位编号+客厅窗纱使用编号+卧室窗帘使用编号。举例说明："Z150A2B2C2CS1CL1"代表"真空绝热板150 mm厚+1月1日—3月2日2挡，6月7日—9月17日2挡，11月20日—12月31日2挡+涤纶窗纱+棉纱布窗帘"。

表6-16 采暖制冷控制温度固定时的120种设计策略组合

编号	组合方式	编号	组合方式	编号	组合方式	编号	组合方式
1	Z150A2B2C2CS1CL1	31	J130A2B3C2CS1CL1	61	S150A3B2C2CS1CL1	91	P110A3B3C2CS1CL1
2	Z150A2B2C2CS1CL2	32	J130A2B3C2CS1CL2	62	S150A3B2C2CS1CL2	92	P110A3B3C2CS1CL2
3	Z150A2B2C2CS1CL3	33	J130A2B3C2CS1CL3	63	S150A3B2C2CS1CL3	93	P110A3B3C2CS1CL3
4	Z150A2B2C2CS2CL1	34	J130A2B3C2CS2CL1	64	S150A3B2C2CS2CL1	94	P110A3B3C2CS2CL1
5	Z150A2B2C2CS2CL2	35	J130A2B3C2CS2CL2	65	S150A3B2C2CS2CL2	95	P110A3B3C2CS2CL2
6	Z150A2B2C2CS2CL3	36	J130A2B3C2CS2CL3	66	S150A3B2C2CS2CL3	96	P110A3B3C2CS2CL3
7	Z150A2B3C2CS1CL1	37	J130A3B2C2CS1CL1	67	S150A3B3C2CS1CL1	97	Y150A2B2C2CS1CL1
8	Z150A2B3C2CS1CL2	38	J130A3B2C2CS1CL2	68	S150A3B3C2CS1CL2	98	Y150A2B2C2CS1CL2
9	Z150A2B3C2CS1CL3	39	J130A3B2C2CS1CL3	69	S150A3B3C2CS1CL3	99	Y150A2B2C2CS1CL3
10	Z150A2B3C2CS2CL1	40	J130A3B2C2CS2CL1	70	S150A3B3C2CS2CL1	100	Y150A2B2C2CS2CL1
11	Z150A2B3C2CS2CL2	41	J130A3B2C2CS2CL2	71	S150A3B3C2CS2CL2	101	Y150A2B2C2CS2CL2
12	Z150A2B3C2CS2CL3	42	J130A3B2C2CS2CL3	72	S150A3B3C2CS2CL3	102	Y150A2B2C2CS2CL3
13	Z150A3B2C2CS1CL1	43	J130A3B3C2CS1CL1	73	P110A2B2C2CS1CL1	103	Y150A2B3C2CS1CL1
14	Z150A3B2C2CS1CL2	44	J130A3B3C2CS1CL2	74	P110A2B2C2CS1CL2	104	Y150A2B3C2CS1CL2
15	Z150A3B2C2CS1CL3	45	J130A3B3C2CS1CL3	75	P110A2B2C2CS1CL3	105	Y150A2B3C2CS1CL3
16	Z150A3B2C2CS2CL1	46	J130A3B3C2CS2CL1	76	P110A2B2C2CS2CL1	106	Y150A2B3C2CS2CL1
17	Z150A3B2C2CS2CL2	47	J130A3B3C2CS2CL2	77	P110A2B2C2CS2CL2	107	Y150A2B3C2CS2CL2
18	Z150A3B2C2CS2CL3	48	J130A3B3C2CS2CL3	78	P110A2B2C2CS2CL3	108	Y150A2B3C2CS2CL3

续表 6-16

编号	组合方式	编号	组合方式	编号	组合方式	编号	组合方式
19	Z150A3B3C2CS1CL1	49	S150A2B2C2CS1CL1	79	P110A2B3C2CS1CL1	109	Y150A3B2C2CS1CL1
20	Z150A3B3C2CS1CL2	50	S150A2B2C2CS1CL2	80	P110A2B3C2CS1CL2	110	Y150A3B2C2CS1CL2
21	Z150A3B3C2CS1CL3	51	S150A2B2C2CS1CL3	81	P110A2B3C2CS1CL3	111	Y150A3B2C2CS1CL3
22	Z150A3B3C2CS2CL1	52	S150A2B2C2CS2CL1	82	P110A2B3C2CS2CL1	112	Y150A3B2C2CS2CL1
23	Z150A3B3C2CS2CL2	53	S150A2B2C2CS2CL2	83	P110A2B3C2CS2CL2	113	Y150A3B2C2CS2CL2
24	Z150A3B3C2CS2CL3	54	S150A2B2C2CS2CL3	84	P110A2B3C2CS2CL3	114	Y150A3B2C2CS2CL3
25	J130A2B2C2CS1CL1	55	S150A2B3C2CS1CL1	85	P110A3B2C2CS1CL1	115	Y150A3B3C2CS1CL1
26	J130A2B2C2CS1CL2	56	S150A2B3C2CS1CL2	86	P110A3B2C2CS1CL2	116	Y150A3B3C2CS1CL2
27	J130A2B2C2CS1CL3	57	S150A2B3C2CS1CL3	87	P110A3B2C2CS1CL3	117	Y150A3B3C2CS1CL3
28	J130A2B2C2CS2CL1	58	S150A2B3C2CS2CL1	88	P110A3B2C2CS2CL1	118	Y150A3B3C2CS2CL1
29	J130A2B2C2CS2CL2	59	S150A2B3C2CS2CL2	89	P110A3B2C2CS2CL2	119	Y150A3B3C2CS2CL2
30	J130A2B2C2CS2CL3	60	S150A2B3C2CS2CL3	90	P110A3B2C2CS2CL3	120	Y150A3B3C2CS2CL3

6.3.2 被动房主被动技术组合节能效果分析

常规恒温控制器温度夏季室内 26 ℃、冬季室内控制在 18 ℃，模拟恒温器温度下的 120 种组合，分析其全年各能耗、非空调房间温湿度以及 PMV、在控制温度范围外未满足制冷采暖小时数。

在研究非空调期房间温湿度以及 PMV、在控制温度范围外未满足制冷采暖时间，由于整栋建筑共分成 110 个房间，数据太大无法逐一分析；已知，同一建筑不同楼层、同一楼层不同位置房间的保温隔热性能都会不同。由此先对该建筑所有楼层进行分析，找出保温隔热效果最差的房间，以此为代表，分析此房间的非空调期房间温湿度以及 PMV、在控制温度范围外未满足制冷采暖时间，用作下文比较各种组合设计策略优劣的选择条件。

6.3.2.1 研究对象各房间保温隔热效果分析

依照直观的方法判断各房间的保温隔热效果，先输出建筑自然室温，在冬季按照室内平均温度由高到低排列作为房间保温性能排序，在夏季按照室内平均温度由低到高排列作为房间隔热性能排序，统计各楼层的排序见表 6-17。

表 6-17　各楼层房间保温隔热性能排序

楼层	房间保温隔热性能排序
1~2	⑦>⑩>⑨>⑥>③>⑧>⑪>④>⑤>①>②
3	③>⑥>⑩>⑨>⑦>⑧>⑪>④>⑤>①>②
4~9	③>⑥>⑦>⑨>⑩>⑧>⑪>④>⑤>①>②
10	③>⑥>⑦>④>⑤>⑩>⑨>⑧>⑪>①>②

通过表 6-17 可知，各楼层中保温隔热效果最不理想的房间号为②，保温效果最理想的房间为③、⑥，且③、⑥房为客厅，为主要活动区域，也是能耗占比最多的区域；统计 103、203、303、403、503、603、703、803、903、1003 房间全年（1 月 1 日—12 月 31 日）自然室温如图 6-7 所示。

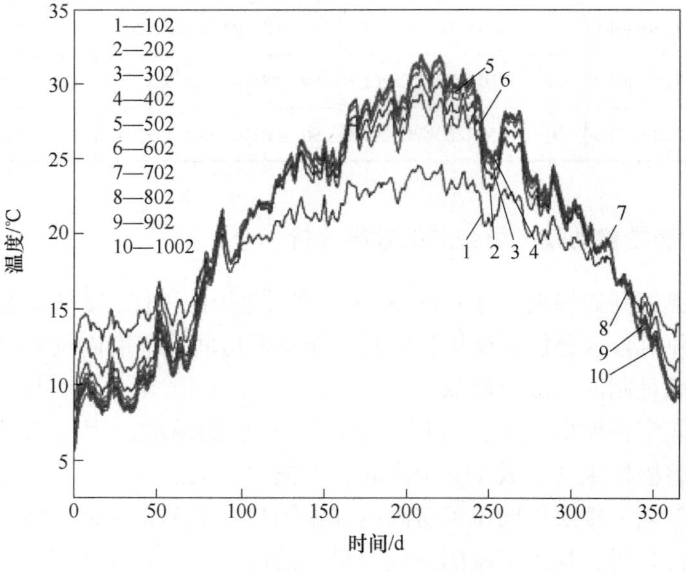

图 6-7 彩图

图 6-7　各楼层房间号③的全年自然室温

由图 6-7 可知，在寒冷季节，房间号③室内自然温度随着楼层的增加而降低；在炎热季节，房间号③室内自然温度随着楼层的增加而增大；也就是说房间号③保温隔热性能随着层高的增加而降低，因此房间 1003 是房间号③在不同楼层之间保温隔热性能最不理想的房间。

6.3.2.2 被动房主被动技术设计策略比较及分析

当全热新风一体机全年空调期挡位为 A2B2C2 时，统计五种保温材料在不同内遮阳组合下全年的采暖、空调、总能耗，分析在何种保温材料下何种内遮阳设计策略最节能，以及保温隔热效果最差房间的舒适性最好。

经过相应参数的设置，整理数据得到内遮阳组合下五种保温材料全年各能耗。由图 6-8 可知，六种内遮阳设计策略对于同一种围护结构保温材料在夏季全年空调能耗改变不大，但是各围护结构保温材料对应的全年空调能耗不同，由低到高的排序为：Z150<S150<J130<Y150<P110，且 S150 与 J130，Y150 与 P110 全年空调能耗相差很小。

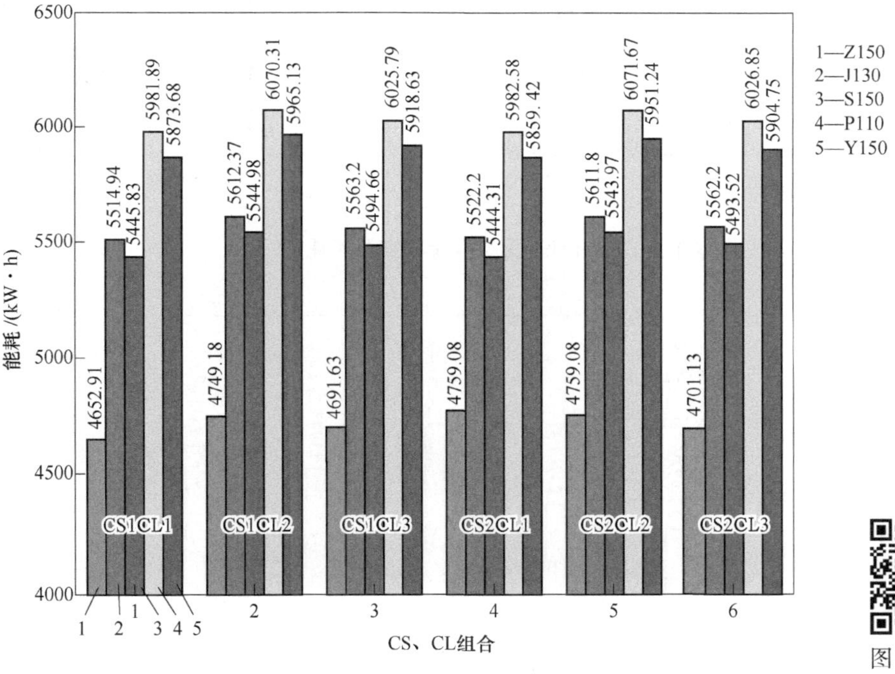

图 6-8 彩图

图 6-8 内遮阳组合下五种保温材料全年采暖能耗

由图 6-9 可知，六种内遮阳设计策略对于同一种围护结构保温材料在夏季全年采暖能耗改变较大，五种保温材料均在遮阳措施 CS1CL2 下能耗最低，不同遮阳措施下全年采暖能耗由低到高排序为：CS1CL2<CS1CL3<CS1CL1<CS2CL2<CS2CL3<CS2CL1。

由图 6-10 可知，遮阳策略宜选 CS1CL2，且保温材料宜选 Z150、S150、J130，而其余组合的节能效果并不理想。

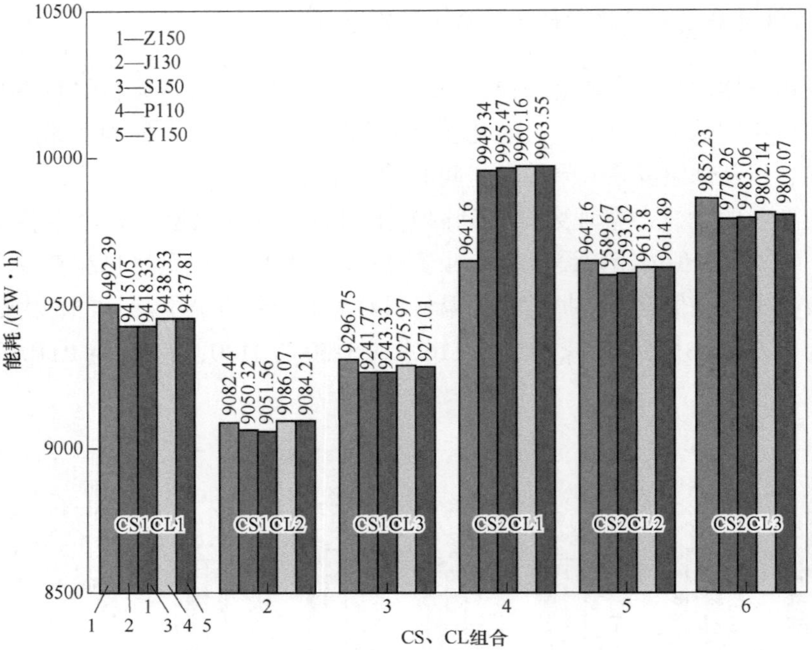

图 6-9 彩图

图 6-9　内遮阳组合下五种保温材料全年空调能耗

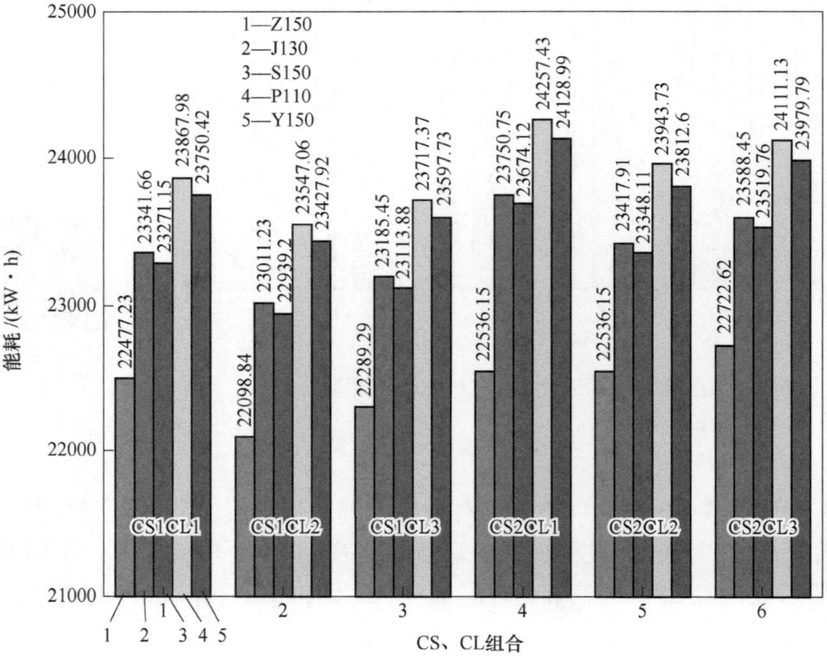

图 6-10 彩图

图 6-10　内遮阳组合下五种保温材料全年空调、采暖总能耗

在剩余 90 种组合中，遮阳组合仅选 CS1CL2，保温材料缩减为 Z150、S150、J130 三种，则剩余 9 种组合，分别为 Z150A2B3C2CS1CL2、Z150A3B2C2CS1CL2、Z150A3B3C2CS1CL2、S150A2B3C2CS1CL2、S150A3B2C2CS1CL2、S150A3B3C2CS1CL2、J150A2B3C2CS1CL2、J150A3B2C2CS1CL2、J150A3B3C2CS1CL2。

由于全热新风一体机采暖制冷使用时间为 1 月 1 日—3 月 25 日、6 月 9 日—9 月 17 日、11 月 20 日—12 月 31 日，当不同时间段开启挡位不一样时，便于数据分析，因此将全年软件模拟运行时间设为 1 月 1 日—5 月 20 日、5 月 21 日—10 月 20 日、10 月 20 日—12 月 31 日，然后再统计、整理相关数据。结合经过相应参数的设置，整理 9 组数据与原 3 种保温材料数据，作出全年各能耗。

从图 6-11 可以看出 120 种组合中，从遮阳与材料条件中优选出来的 12 种组合，全热新风一体机全年采暖能耗排序设计策略组合编号为：2<8<56≈32<14=20<50<26<62=68<38=44。组合 34、38 采暖能耗高于最低组合 33.58%，组合 62、68 采暖能耗高于最低组合 31.93%，由于采暖能耗消耗太大，因此可以舍去该组合。

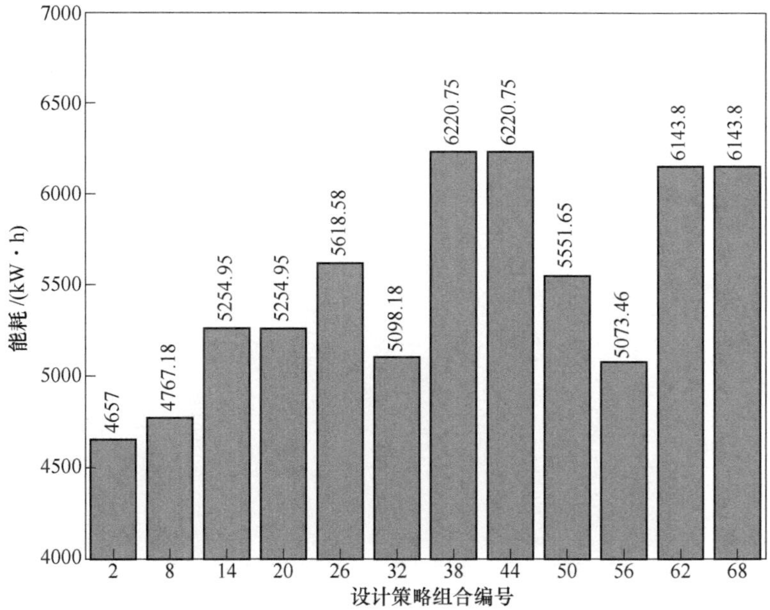

图 6-11　优选 12 种组合全年采暖能耗

从图 6-12 可以看出，在优选出来的 12 种组合中，全年空调能耗较为理想的设计策略组合编号为 2、14、26、38、50、62。

由图 6-13 可知，全年总能耗排序设计策略组合编号为：14<8<50≈1≈26≈56≈32<20<62<38<68<44。由于内遮阳措施固定，全年室内照明能耗不变，即该

排序也是全热新风一体机全年总能耗排序。

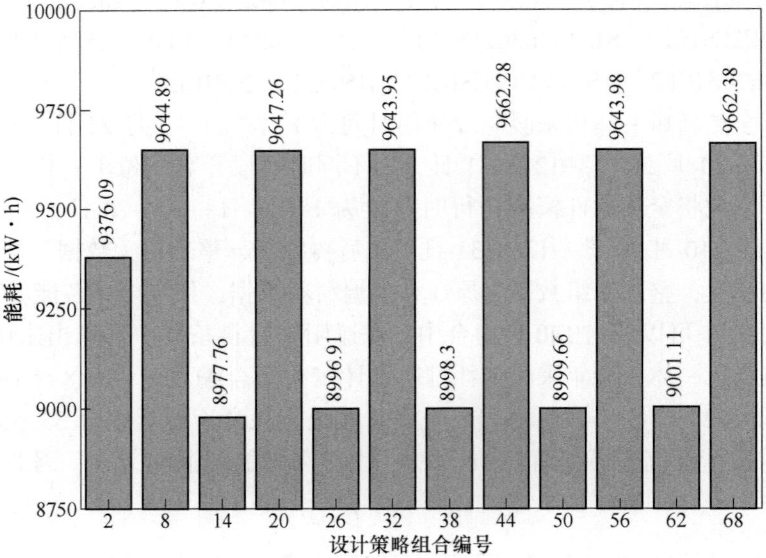

图 6-12　优选 12 种组合全年空调能耗

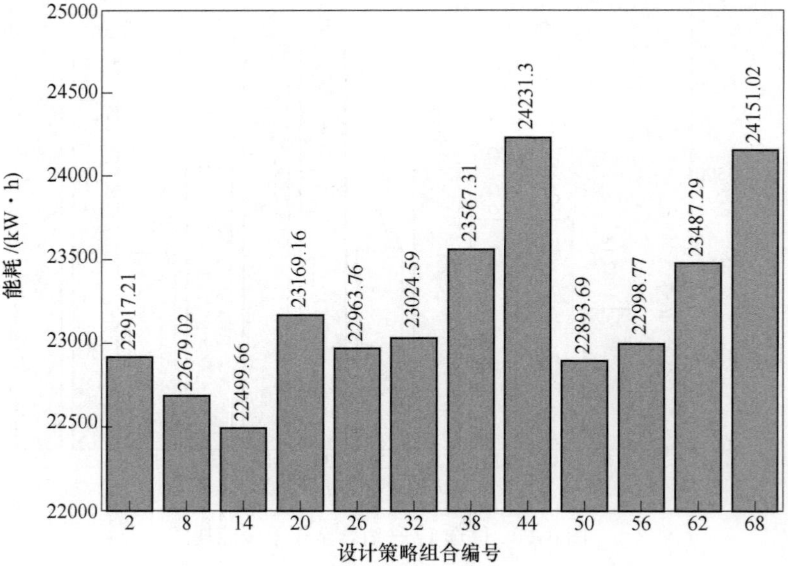

图 6-13　优选 12 种组合全年总能耗

综合全年采暖能耗、空调能耗以及总能耗消耗情况可知，组合编号 14 为最佳，组合编号 2、8、26、32、50、56 次之，但是相差不大，全年总能耗差小于 500 kW · h。

6.3.2.3　被动房主被动技术设计策略优选

在追求节能的同时还需兼顾此条件下房间的舒适性，由于此建筑体量较大，因此选取保温隔热效果最不理想的房间 1003 作为进一步优选设计策略组合的比较对象。统计房间 1003 在设计策略组合编号 2、8、14、26、32、50、56 下的全年室温、湿度、PMV、PPD。

通过图 6-14 可知，在空调期全热新风一体机作用下，几乎使得全年室内温度都在 18~26 ℃范围内，室内温度宜人。但是，也可看出在非空调期，即没有全热新风一体机的参与下，不同设计策略组合室内温度的变化，设计策略组合编号 14 的室内温度始终大于或等于其余设计策略组合，而设计策略组合编号 2、8、26、32、50、56 的室内温度非常接近，变化微弱。

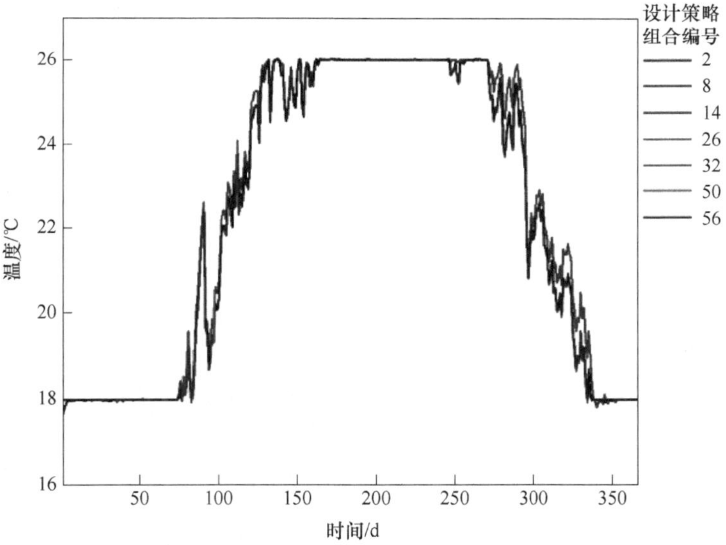

图 6-14 彩图

图 6-14　七种设计策略全年室内温度

（曲线重合，难以标注，请见二维码里彩图）

由图 6-15 可知，全年湿度范围均为 30%~80%，冬季湿度为 30%~60%，夏季湿度为 40%~80%，符合《中华人民共和国国家标准　室内空气质量标准》（GB/T 18883—2002）。在冬季，设计策略组合编号 14 中的室内湿度最低，其余组合接近。在夏季，设计策略组合编号 8 中的室内湿度最低，设计策略组合编号 50 湿度最高。

为了便于观察，将人体热环境的舒适性评价指标 PMV 全年从 1 月 1 日开始每 30 天依次分成 11 个图，如二维码中的彩图 6-16（a）~（k）所示；最后 35 天分成一个图，如图 6-16（l）所示。

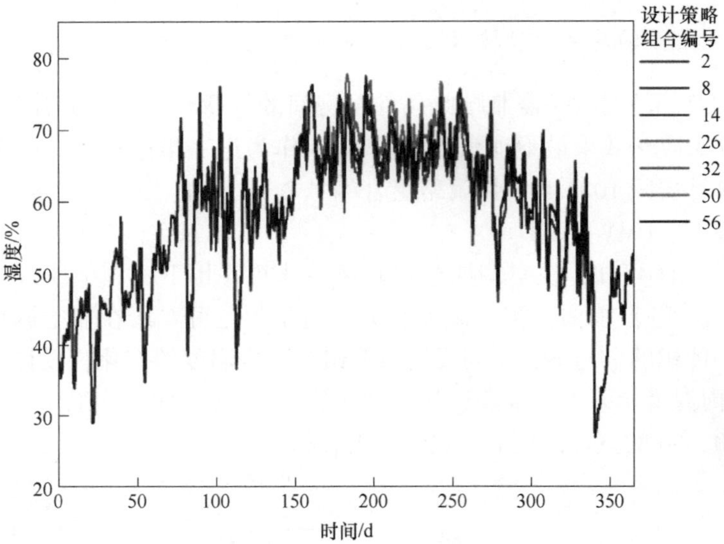

图 6-15 彩图

图 6-15　七种设计策略全年室内湿度
（曲线重合，难以标注，请见二维码里彩图）

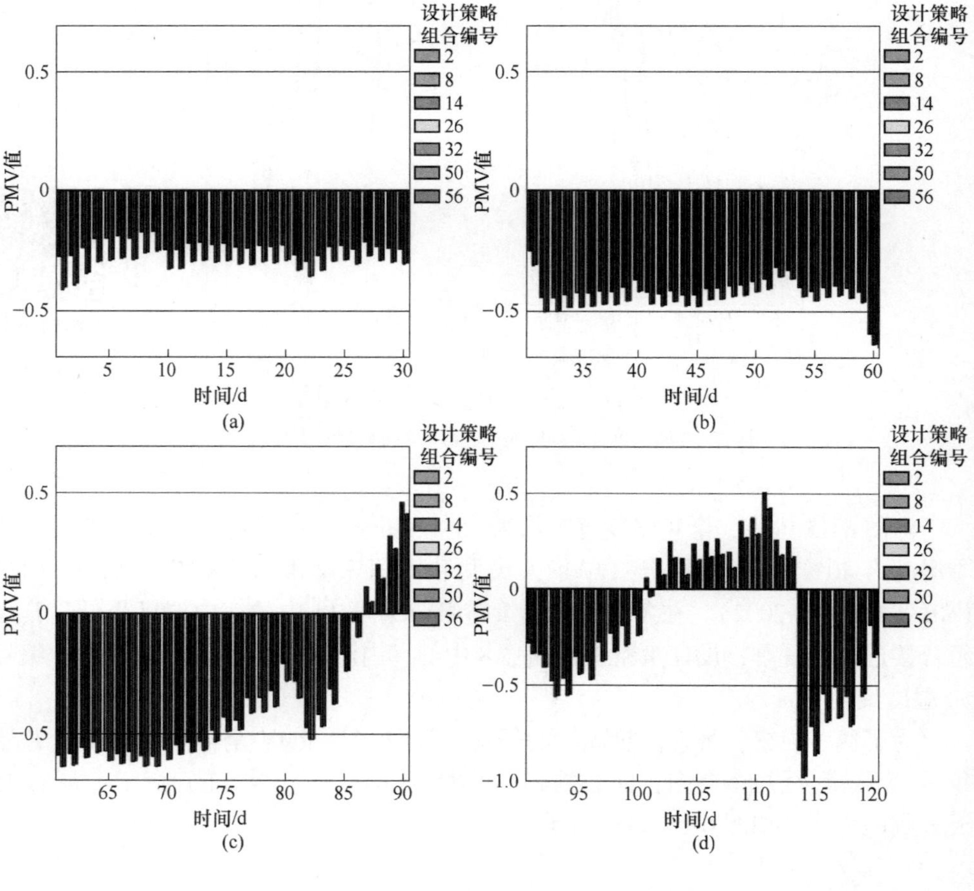

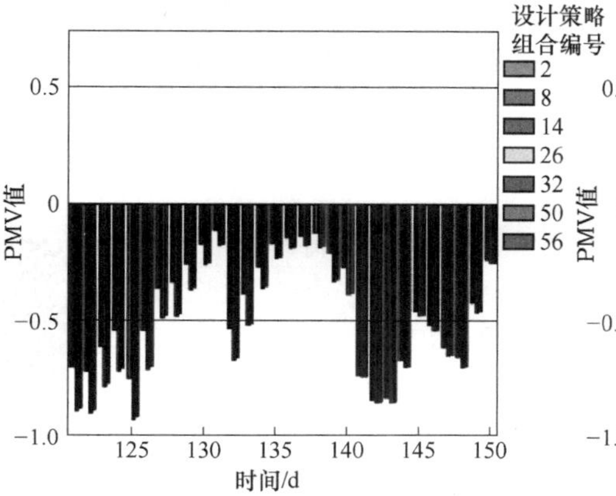
设计策略
组合编号
2
8
14
26
32
50
56
PMV值
0.5
0
−0.5
−1.0
125
130
135
140
145
150
时间/d

(e)

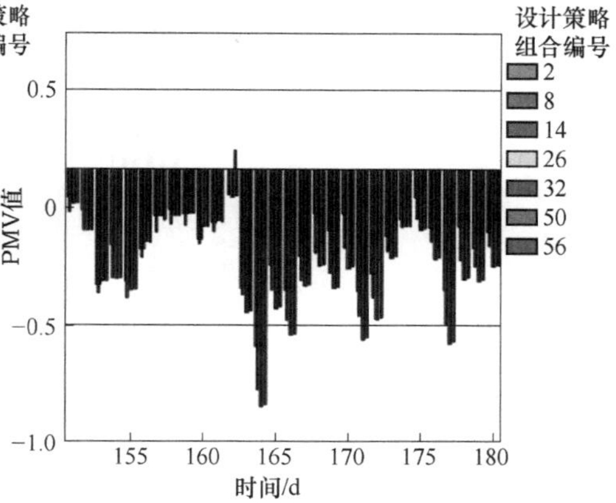
设计策略
组合编号
2
8
14
26
32
50
56
PMV值
0.5
0
−0.5
−1.0
155
160
165
170
175
180
时间/d

(f)

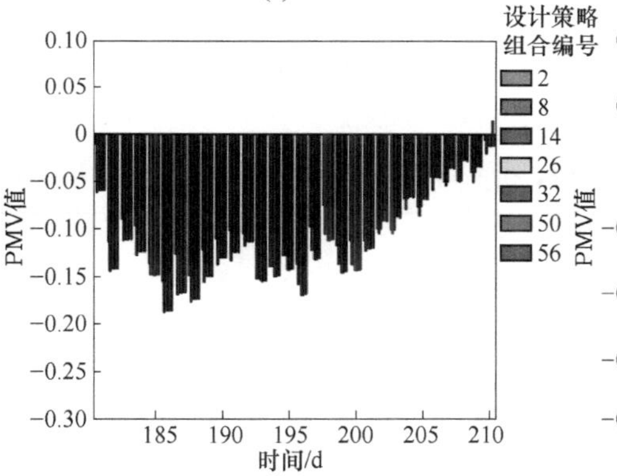
设计策略
组合编号
2
8
14
26
32
50
56
PMV值
0.10
0.05
0
−0.05
−0.10
−0.15
−0.20
−0.25
−0.30
185
190
195
200
205
210
时间/d

(g)

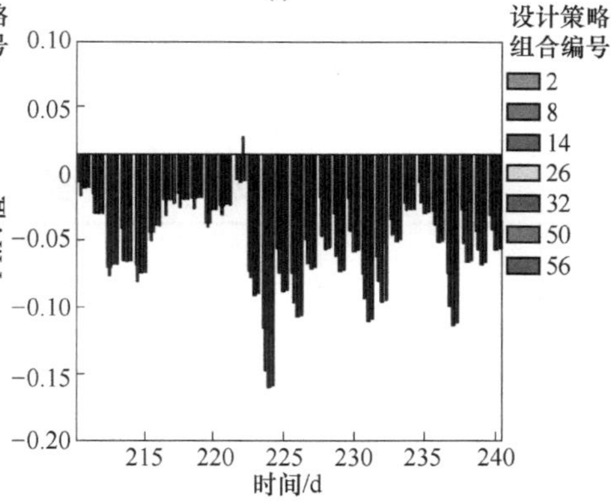
设计策略
组合编号
2
8
14
26
32
50
56
PMV值
0.10
0.05
0
−0.05
−0.10
−0.15
−0.20
215
220
225
230
235
240
时间/d

(h)

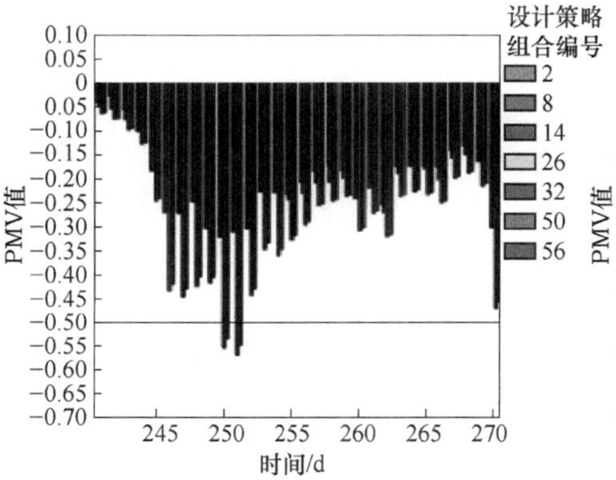
设计策略
组合编号
2
8
14
26
32
50
56
PMV值
0.10
0.05
0
0.05
−0.10
−0.15
−0.20
−0.25
−0.30
−0.35
−0.40
−0.45
−0.50
−0.55
−0.60
−0.65
−0.70
245
250
255
260
265
270
时间/d

(i)

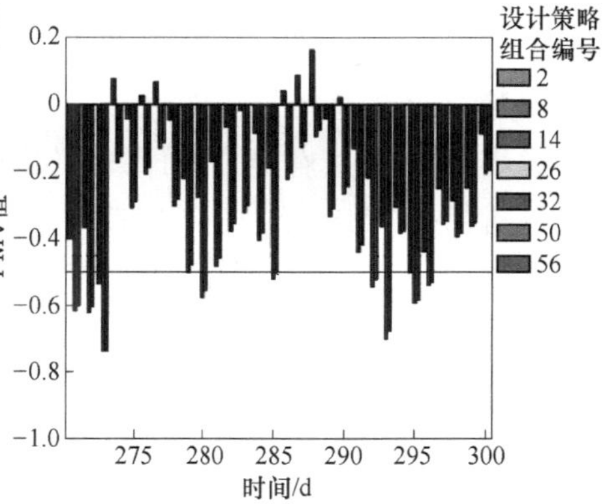
设计策略
组合编号
2
8
14
26
32
50
56
PMV值
0.2
0
−0.2
−0.4
−0.6
−0.8
−1.0
275
280
285
290
295
300
时间/d

(j)

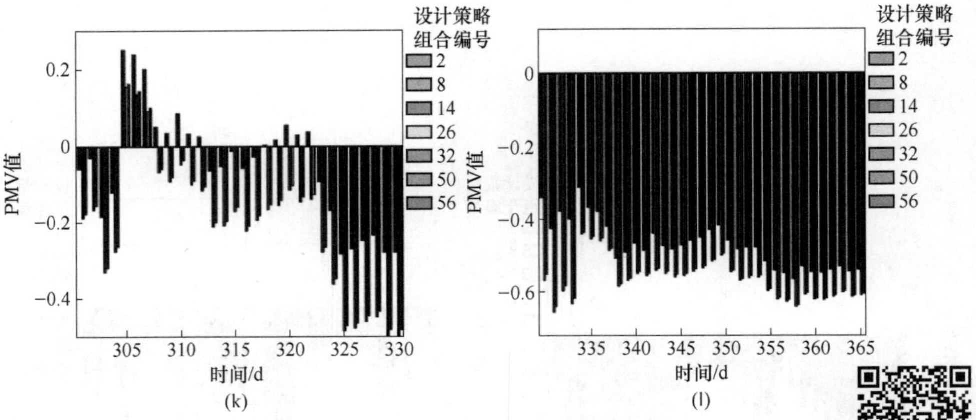

图 6-16　七种设计策略全年 PMV

（曲线重合，难以标注，请见二维码里彩图）

图 6-16 彩图

从整体上看，各设计策略组合全年 PMV 值在−0.5～0.5 范围外的天数很少，在该范围内的时间占比见表 6-18。PMV 值为−0.5～0.5，被认为是最舒适的室内环境，通过表 6-18 明显可知各设计策略组合编号室内舒适度排序为：2>8>14>50=56>26=32，设计策略组合编号 2、8、14 占比均超过 80%。

表 6-18　各设计策略组合全年 PMV 值为−0.5～0.5 的时间占比

设计策略组合编号	2	8	14	26	32	50	56
全年 PMV 为−0.5～0.5 的时间占比/%	87.40	87.12	84.66	73.97	73.97	74.25	74.25

人体热环境的舒适性评价指标（PPD），表示人们对室内热环境不满意度。PPD 值越小：表示不满意的人群比例越低，热环境舒适性越好。PPD 值越大：表示不满意的人群比例越高，热环境舒适性越差。由图 6-17 可以看出，除了少许时间不满意度在 20%以上，几乎所有时间段均在 20%以内，各设计策略组合 PPD 值统计见表 6-19。

由表 6-19 可以看出，设计策略组合编号 2、8、14 无论是在人体热环境的舒适性评价指标 PMV 还是 PPD 都较其余更好，但其保温材料为真空绝热板。首先，想要维持它的真空状态十分困难，在施工或后期使用中容易发生破损，其保温性能将会严重下降；其次，目前的施工工艺并不是很成熟，在施工过程中会使其出现很多缝隙，致使热桥太多，导致结构结露的可能性变大；再者，由于材料本身原因，致使施工时表面平整度难以掌握，不均匀的抹灰也将增大脱落的风险，且目前造价相对较高，性价比的优势不是很明显。因此工程实际中不做考虑，故选择相对较次的设计策略组合编号 26、32、50、56。

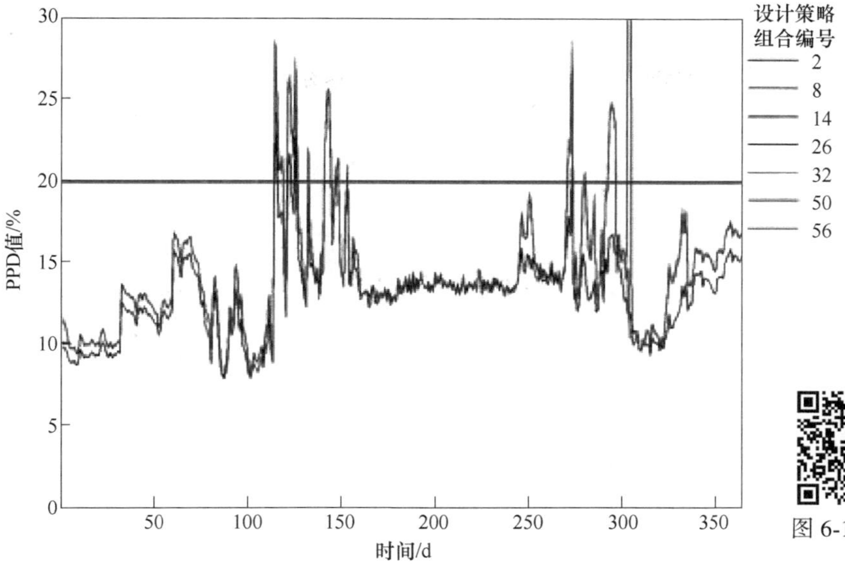

图 6-17 彩图

图 6-17 七种设计策略全年 PPD 值
（曲线重合，难以标注，请见二维码里彩图）

表 6-19 各设计策略组合全年 PPD 值在 20%以上的时间占比

设计策略组合编号	2	8	14	26	32	50	56
全年 PPD 在 20%以上的时间占比/%	3. 29	3. 29	3. 29	7. 95	7. 95	7. 4	7. 95

当改变恒温控制器的温度时，统计设计策略组合编号 14 的各能耗如图 6-18 所示。

恒温控制器编号及对应的控制温度为：HC1 18~23 ℃、HC2 19~24 ℃、HC3 20~25 ℃、HC4 21~26 ℃、HC5 18~26 ℃。由图 6-18 可知，随着冬季空调开启温度的增大，采暖能耗也在增加；随着夏季空调开启温度的增大，空调能耗逐渐降低；室内照明能耗不变，总能耗排序为：HC1>HC2>HC3>HC4>HC5，说明冬季开启温度越低，夏季开启温度越高越节能，但是人体舒适性将会受到影响。因此，在人体能接受的温度范围内进行相应设置即可，恒温器开启条件不作为主要的节能措施考虑。

通过上述设计策略组合的分析以及结合工程实际，仅从室内温度，即保温、隔热效果上看，设计策略组合编号 14 最优；从室内全年湿度分析，综合冬季室内湿度低，有利于维持室内温度考虑，组合编号 8、14、50 都是不错的选择；在人体热环境的舒适性评价指标方面，综合考量 PMV 与 PPD 指标，都显示组合编

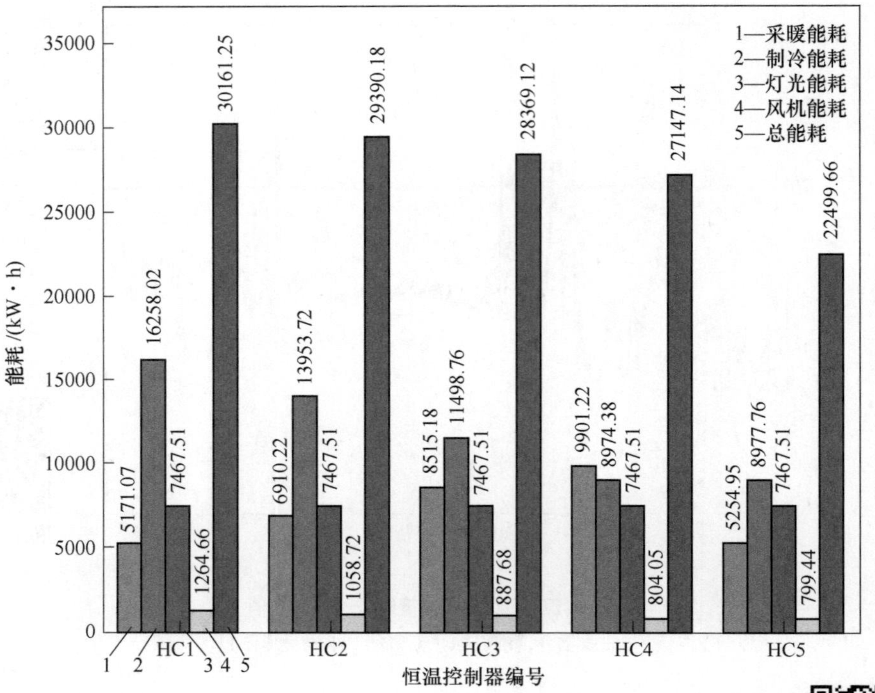

图 6-18　设计策略组合编号 14 在各衡器控制器温度下的能耗统计

图 6-18 彩图

号 2、8、14 是特别突出的设计策略组合。由此判定当恒温器温度为 18~26 ℃时，组合编号 50 是夏热冬冷地区被动房 120 种设计策略组合中最优的策略，而策略组合编号 26、32、56 也是可以选择考虑的。组合编号 50 全年总能耗相比较基准建筑，能耗节约了 58.65%，组合编号 26、32、56 能耗分别节约了 58.52%、58.41%、58.46%。

参考文献

[1] AGENCY I E. World Energy Outlook 2018 [R]. Paris: Organization for Economic Cooperation & Devel, 2018.

[2] BP. bp 世界能源统计年鉴（2021 年版）[R]. 2021.

[3] 席江楠, 张文雍, 王竹宁. 国际城市能源发展综述 [J]. 北京规划建设, 2022 (5): 6-15.

[4] 刘明亮, 卫浩, 盖玉龙, 等. 中国、美国、欧盟及世界一次能源消费现状与展望 [J]. 煤化工, 2022, 50 (2): 1-5.

[5] 何东阳. 夏热冬冷地区被动式新风热泵系统的应用研究 [D]. 沈阳: 沈阳建筑大学, 2020.

[6] 国家统计局. 中国统计年鉴——2020 [M]. 北京: 中国统计出版社, 2020.

[7] 清华大学建筑节能研究中心. 中国建筑节能年度发展研究报告 [M]. 北京: 中国建筑工业出版社, 2020.

[8] MALDONADO J, CABEZA L, TONI G, et al. Comparative analysis of energy demand and CO_2 emissions on different typologies of residential buildings in europe [J]. Energies, 2019, 12 (12): 2436.

[9] BP 集团. BP 世界能源展望（2020）[M/OL].

[10] TENG Y, LI K, PAN W, NG T. Reducing building life cycle carbon emissions through prefabrication: Evidence from and gaps in empirical studies [J]. Building and Environment, 2018, 132: 125-136.

[11] TAVARES V, LACERDA N, FREIRE F. Embodied energy and greenhouse gas emissions analysis of a prefabricated modular house: The "Moby" case study [J]. Journal of Cleaner Production, 2019, 212: 1044-1053.

[12] JISOO S, SONG D, JOOWOOK K. The economic feasibility of passive houses in korea [J]. Sustainability, 2018, 10 (10): 3558.

[13] WESLEY B, PHALGUNI M. Effect of different climates on a shipping container passive house in Canada [J]. Journal of Green Building, 2019, 14 (4): 133-153.

[14] JOHAN N, ROHRACHER H. Mainstreaming passive houses: More gradual reconfiguration than transition [J]. Journal of Environmental Policy and Planning, 2022, 24 (6): 612-624.

[15] 谢林鸿. 多建筑能源实验平台物联网集成 [D]. 济南: 山东建筑大学, 2022.

[16] 骆云飞. 装配式建筑工程施工技术 [J]. 建筑技术开发, 2021, 48 (10): 109-110.

[17] 中华人民共和国住房和城乡建设部与国家市场监督管理总局. 近零能耗建筑技术标准: GB/T 51350—2019 [S]. 北京: 中国建筑工业出版社, 2019.

[18] CHIPPAGIRI R, GAVALI H R, BRAS A, et al. Performance Evaluation of a Sustainable Prefabricated System Using Small-Scale Experimental Model Technique [J/OL]. Buildings, 2022, 12 (11): 2000.

[19] KIRSCHKE P, SIETKO D. The function and potential of innovative reinforced concrete prefabrication technologies in achieving residential construction goals in germany and poland [J/OL]. Buildings, 2021, 11 (11): 533.

[20] LOPES G, VICENTE R, AZENHA M, et al. A systematic review of prefabricated enclosure wall panel systems: Focus on technology driven for functional requirements [J]. Sustainable Cities and Society, 2018, 40: 688-703.

[21] TSAI M T, LIN W T. Efficiency of energy consumption between reinforced concrete structure and cross-laminated timber based hybrid structure in east asian cities [J/OL]. Energies, 2022, 15 (1): 165.

[22] XIMEI Z, YONGHUI W, XUEMING W. Thermal performance of precast concrete sandwich walls with a novel hybrid connector [J]. Energy and Buildings, 2018, 166: 109-121.

[23] 刘淼．被动式低能耗绿色建筑在河北省的发展和应用研究 [D]．石家庄：石家庄铁道大学, 2017.

[24] YANG W, JIANGTAO D, JENS M K, et al. Identifying the feasibility of establishing a passive house school in central Europe: An energy performance and carbon emissions monitoring study in Germany [J]. Renewable and Sustainable Energy Reviews, 2019, 113: 109256.

[25] GUPTA R, KOTOPOULEAS A. Magnitude and extent of building fabric thermal performance gap in UK low energy housing [J]. Applied Energy, 2018, 222: 673-686.

[26] COLCLOUGH S, KINNANE O, HEWITT N, et al. Investigation of nZEB social housing built to the Passive House standard [J]. Energy and Buildings, 2018, 179: 344-359.

[27] MAHMOUD S, FAHMY M, MAHDY M, et al. Comparative energy performance simulation for passive and conventional design: A case study in Cairo, Egypt [J]. Energy Reports, 2020, 6: 699-704.

[28] BHAMARE D K, RATHOD M K, BANERJEE J. Passive cooling techniques for building and their applicability in different climatic zones—The state of art [J]. Energy and Buildings, 2019, 198: 467-490.

[29] LEE J. Multi-objective optimization case study with active and passive design in building engineering [J]. Structural and Multidisciplinary Optimization, 2019, 59 (2): 507-519.

[30] ZHICHAO T, XINKAI Z, XING J, et al. Towards adoption of building energy simulation and optimization for passive building design: A survey and a review [J]. Energy and Buildings, 2018, 158: 1306-1316.

[31] ALMUTAIRI K, ESFAHANI E M, MOSTAFAEIPOUR A, et al. A novel policy to optimize energy consumption for dairy product warehouses: A case study [J/OL]. Sustainability, 2021, 13 (5): 2445.

[32] OVEREN O K, MEYER E L, MAKAKA G, et al. Zonal air exchange rate of a passive solar house and resultant sensible air heat transfer [J]. Indoor and Built Environment, 2019, 28 (7): 914-926.

[33] ALBAYYAA H, HAGARE D, SAHA S. Energy conservation in residential buildings by incorporating passive solar and energy efficiency design strategies and higher thermal mass [J]. Energy and Buildings, 2019, 182: 205-213.

[34] GAMERO-SALINAS J, MONGE-BARRIO A, KISHNANI N, et al. Passive cooling design strategies as adaptation measures for lowering the indoor overheating risk in tropical climates

[J]. Energy and Buildings, 2021, 252: 111417.

[35] YAGHOUBI M, HABIBI A, ARDALAN A, et al. Evaluation of thermal comfort in traditional houses in a tropical climate [J]. Buildings, 2018, 8 (9): 126.

[36] SAVVIDES A, MICHAEL A, VASSILIADES C, et al. An examination of the design for a prefabricated housing unit in Cyprus in terms of energy, daylighting and cost [J]. Scientific Reports, 2023, 13 (1): 12611.

[37] ROQUE E, OLIVEIRA R, ALMEIDA R M S F, et al. Lightweight and prefabricated construction as a path to energy efficient buildings: Thermal design and execution challenges [J]. International Journal of Environment and Sustainable Development, 2020, 19 (1): 1-32.

[38] KRZYSZTOF W, JAN R, AGNIESZKA S S. Maintenance of passive house standard in the light of long-term study on energy use in a prefabricated lightweight passive house in central europe [J]. Energies, 2020, 13 (11): 2801.

[39] SHEN J, COPERTARO B, ZHANG X, et al. Exploring the potential of climate-adaptive container building design under future climates scenarios in three different climate zones [J/OL]. Sustainability, 2020, 12 (1): 108.

[40] 高宝军．装配式建筑外墙岩棉保温装饰一体板的应用 [J]. 四川建材, 2023, 49 (12): 91-93.

[41] 肖燕武, 陈敏, 何柱．装配式预制飘窗节点优化及施工 [J]. 施工技术 (中英文), 2023, 52 (22): 57-61, 81.

[42] 任吉．装配式—建筑废弃物轻质隔音保温复合墙板制备技术研究 [D]. 南宁: 广西科技大学, 2019.

[43] 王艳, 张伟捷, 李芳德, 等．京津冀地区农村装配式节能住宅建筑研究 [J]. 新型建筑材料, 2021, 48 (7): 23-29.

[44] 丛塁．装配式钢结构住宅新型复合保温板外墙系统构造技术研究 [D]. 济南: 山东建筑大学, 2020.

[45] 郝雨杭, 付素娟, 王萌, 等．寒冷地区装配式超低能耗建筑外墙板拼缝断热桥技术研究 [J]. 新型建筑材料, 2022, 49 (2): 100-103.

[46] 张苏润, 张朝政．冷热桥对装配式墙体传热特性影响研究 [J]. 暖通空调, 2021, 51 (S2): 416-421.

[47] 陈敬, 王欣蕊, 李灿．甘肃严寒寒冷地区民居被动式节能设计研究 [J]. 室内设计与装修, 2022 (2): 128-129.

[48] 纪屏兰．建筑剖面的被动式设计研究 [J]. 中国建筑装饰装修, 2022 (1): 181-182.

[49] 孙少楠, 吴家伟．基于 BIM 技术的被动式建筑敏感因子模拟与分析 [J]. 计算机仿真, 2022, 39 (6): 298-303.

[50] 刘琳．基于主被动式热环境设计的低能耗建筑系统研究 [D]. 武汉: 华中科技大学, 2021.

[51] 黄方意．重庆地区气候条件下的被动式建筑设计策略研究 [D]. 重庆: 重庆大学, 2021.

[52] 丁育陶, 夏博, 韩靖, 等．西北五省地区民居被动式建筑设计策略模拟 [J]. 西安科技大学学报, 2020, 40 (2): 275-283.

[53] 徐宁，张鹏，张凝．北京某行政办公楼被动式设计方法夏季实测案例研究［J］．建筑热能通风空调，2022，41（5）：67-70.
[54] 孙少楠，吴家伟．基于 BIM 技术的被动式建筑节能因子多目标优化研究［J］．图学学报，2021，42（1）：124-132.
[55] 赵璐绮．夏热冬冷地区绿色屋顶被动房优化设计研究［D］．上海：上海工程技术大学，2021.
[56] 韩家祥，龚蓓蓓，刘家明．基于节能视角的苏州同里湖嘉苑被动房改造认证项目分析［J］．建设科技，2019（6）：53-55.
[57] 宋晓刚，刘耀华，张培兴，等．被动式超低能耗建筑推广发展策略研究［J］．建筑经济，2022，43（2）：5-10.
[58] 赵润俐．加快被动式超低能耗建筑发展的策略研究［J］．中国建筑金属结构，2020（11）：84-85.
[59] 王岩峰．德国被动式建筑节能技术在中国的推广应用研究［D］．北京：北京交通大学，2020.
[60] 李莹，李茜．被动式建筑在我国住宅建筑发展的阻碍分析［J］．住宅与房地产，2019（27）：14.
[61] 邵康，赵利娜，郭贤．预制装配式实现被动式超低能耗建筑技术与实践［J］．中国住宅设施，2022（11）：61-63.
[62] 杨倩苗，孙志中，邹苒，等．装配式被动房气密性设计研究［J］．新建筑，2021（4）：118-123.
[63] 杨智慧，邢耀文．装配式被动房建造技术在乡村振兴中的运用［J］．广西城镇建设，2021（10）：24-25.
[64] 浦华勇，孔祥忠，李丛笑，等．基于被动式策略的装配式建筑外围护体系研究［J］．施工技术，2020，49（8）：36-39.
[65] 游又能，康一亭，马健，等．我国被动式超低能耗装配式建筑关键技术的研究与发展［J］．建筑科学，2019，35（8）：137-142.
[66] 林正豪．近零能耗导向的轻质装配式建筑之围护系统设计研究［D］．北京：清华大学，2018.
[67] 住房和城乡建设部．民用建筑设计统一标准 GB 50352—2019［S］．北京：中国建筑工业出版社，2019.
[68] 郑倩．北方寒冷地区既有住区建筑围护体系综合节能改造策略研究［D］．大连：大连理工大学，2021.
[69] 何泉，王文超，刘加平，等．基于 Climate Consultant 的拉萨传统民居气候适应性分析［J］．建筑科学，2017，33（4）：94-100.
[70] 任瑞杰，王思佳．建筑节能背景下冀东地区民居气候适用性分析［J］．河北科技师范学院学报，2017，31（4）：74-78，82.
[71] 孙林娜，刘启明，许抗吾，等．基于 DeST 及 TRNSYS 软件的公共建筑能耗模型分析［J］．建筑节能（中英文），2022，50（10）：63-71.
[72] 樊慧．内蒙古严寒 C 区农村牧区低能耗居住建筑清洁供暖平衡方案研究［D］．包头：内

蒙古科技大学，2020.
[73] 王海飞．基于 DeST 模拟的被动式办公建筑节能性设计研究［D］．邯郸：河北工程大学，2019.
[74] 王彦韬．基于被动式理念的山东农村既有农宅绿色化改造适宜技术研究［D］．济南：山东建筑大学，2020.
[75] 涂全．湘北小城镇大进深联排住宅被动式节能设计研究［D］．长沙：湖南大学，2019.
[76] 许莹莹，蔡华．基于改善室内热环境的桂北地区干栏式民居被动式节能策略研究［J］．中外建筑，2020（3）：44-47.
[77] 中国建筑节能协会．夏热冬冷地区被动式居住建筑技术指南：T/CABEE 005-2021［S］．北京：中国建筑工业出版社，2018.
[78] HUMPHREYS M A，FERGUS NICOL J．The validity of ISO-PMV for predicting comfort votes in every-day thermal environments［J］．Energy and Buildings，2002，34（6）：667-684.
[79] 郑振华．装配式混凝土建筑外围护结构节能优化设计研究［D］．长沙：中南林业科技大学，2021.
[80] 陈靖．大开口自然通风阻力特性研究［D］．西安：西安建筑科技大学，2007.
[81] 周淑贞，束炯．城市气候学［M］．北京：气象出版社，1994.
[82] 中华人民共和国住房和城乡建设部与国家市场监督管理总局．建筑节能与可再生能源利用通用规范：GB 55015—2021［S］．北京：中国建筑工业出版社，2021.
[83] 郝喜英．关中地区被动式超低能耗居住建筑节能技术研究［D］．西安：西安建筑科技大学，2021.
[84] 杨宜儒，康智强，夏晓东，等．被动式建筑外窗研究综述［C］//第十六届沈阳科学学术年会论文集（理工农医）．沈阳建筑大学，2019：58-61.
[85] 赵璐绮，林尧林，黄兴华．中国被动式建筑围护结构研究进展综述［J］．四川建筑科学研究，2021，47（3）：85-91.
[86] 李赟，徐凯亮，邓金燕．建筑外窗玻璃 Low-E 镀膜技术性能分析［J］．山西建筑，2022，48（17）：178-179，189.
[87] 刘静．城市住宅外窗节能设计研究［D］．西安：西安建筑科技大学，2018.
[88] 李华君．基于正交试验的北方农宅围护结构能效提升方案比选分析［J］．价值工程，2023，42（30）：126-128.
[89] 瞿燕，宋德萱．上海办公建筑被动式节能设计影响因素敏感性分析［J］．华中建筑，2023，41（8）：73-78.
[90] 缪伟．基于 DeST 模拟南京地区建筑外围护结构节能研究［D］．合肥：安徽理工大学，2020.